河南省科学院杰出青年人才项目(210401011)资助

流域水污染物排放标准
评估体系及案例分析

郭 雷 张 硌 胡婵娟 等著

U0227635

黄河水利出版社
· 郑 州 ·

内 容 提 要

本书是一部系统论述流域水污染物排放标准评估框架体系及其实际应用的专著。全书分两部分共七章内容,第一章至第五章是流域水污染物排放标准评估体系理论部分,全面介绍了国内外标准评估的理论方法,回顾了其发展历程,构建了流域水污染物排放标准评估的体系框架内容、技术路线、调研方案及评估方案等。第六章与第七章是流域水污染物排放标准评估体系的应用部分,以《蟒沁河流域水污染物排放标准》以及《清潩河流域水污染物排放标准》的评估为例,具体介绍其应用内容。

本书可供从事环保科技工作者和专业院校师生阅读参考。

图书在版编目(CIP)数据

流域水污染物排放标准评估体系及案例分析/郭雷
等著. —郑州:黄河水利出版社,2022.4
ISBN 978-7-5509-3077-3

Ⅰ. ①流… Ⅱ. ①郭… Ⅲ.①流域环境-水污染物-污染物排放标准 Ⅳ.①X52

中国版本图书馆 CIP 数据核字(2021)第 172639 号

策划编辑:陶金志 电话:0371-66025273 E-mail:838739632@ qq. com

出 版 社:黄河水利出版社   网址:www.yrcp.com
         地址:河南省郑州市顺河路黄委会综合楼 14 层   邮政编码:450003
发行单位:黄河水利出版社
         发行部电话:0371-66026940、66020550、66028024、66022620(传真)
         E-mail:hhslcbs@ 126. com
承印单位:河南新华印刷集团有限公司
开本:787 mm×1 092 mm 1/16
印张:11
字数:260 千字   印数:1—1 000
版次:2022 年 4 月第 1 版   印次:2022 年 4 月第 1 次印刷

定价:126.00 元

《流域水污染物排放标准评估体系及案例分析》编写人员

主　著：郭　雷　张　硌　胡婵娟

著　者：高红莉　胡军周　李洪涛

　　　　王钰涵　夏　辉　刘　伟

　　　　毛齐正　文　静

前　言

党的十八大以来,我国高度重视以流域为基础的生态文明建设,制定了长江经济带、黄河流域生态保护和高质量发展等重大国家战略。逐步以更高站位谋划珠江、淮河等其他主要流域生态文明建设战略布局。以流域为单元的生态文明建设工作已成为"十四五"乃至今后一段时期的重要工作内容。确保水、气等环境质量良好是生态文明建设的内在要义。

水污染物排放标准是在法律允许范围内,对排污单位排放水污染物行为所做的限制性的技术要求。流域水污染物排放标准是地方水污染物排放标准体系组成部分之一,与综合性排放标准、行业排放标准相比,流域水污染物排放标准因其可结合流域实际情况与河流水质直接挂钩的优势,制定区域流域排放标准成为各地改善区域水环境质量的主要手段之一,是全国多地地方水污染物排放标准中的重要组成部分。

河南省自2012年起陆续发布实施了省辖海河、蟒沁河、清潩河、贾鲁河、惠济河、洪河、洞河等一系列地方流域水污染物排放标准,已实施流域水污染物排放标准的区域面积占全省面积的近1/4。从全国看,据初步统计,截至2019年底,我国已有60多项流域型水污染物排放标准。按照国际惯例,环境标准的有效期限一般为5年,超过5年对标准适时开展评估是保持标准实用性的重要手段,我国现行流域水污染物排放标准多数都接近或超过5年,科学开展流域水污染物排放标准工作对于继续有效发挥流域水污染物排放标准作用具有重要意义。

本书在梳理流域水污染物排放标准定位、作用、组成等基础上,系统构建了包括评估基础分析、标准执行情况、标准实施效果、实施保障情况、实施效益、环境形势在内的流域水污染物排放标准评估体系及其具体内容,全面阐释了评估工作中所需的资料、调研内容、监测内容以及工作流程等,并以蟒沁河流域和清潩河流域水污染物排放标准评估为典型案例,开展了具体实践,可为未来地方流域水污染物排放标准的评估修订工作提供借鉴和指导。

作　者
2021 年 8 月

目　录

第一章　标准评估理论及方法

一、国内外环境政策评估方法

（一）国外环境政策评估方法

国外的环境政策评估工作开展的相对较早,在欧美一些发达国家,环境政策评估已经纳入立法范畴,美国、日本、澳大利亚、英国等 OECD 国家针对政策制定过程中及实施后不同阶段的需求,制定了政策事前评估和事后评估指南。其中,美国的环境政策评估工作开始的较早,体系也更成熟。

美国采用多元化的环境政策机构,包括官方、非官方评估机构开展了对《1990 清洁空气法修正案》(2011)、《清洁空气法案第Ⅳ条》(1994)、《清洁水法案》(2000)、《水质交易》(2008)评估,重点对政策实施的效果、效率、公平性、政府监管成本变化、环保意识变化、诱导创新作用等方面进行评估。评估主要采用的是成本效益法,美国在成本效益分析上经验丰富,在进行成本效益分析时,将环境政策的成本定义为政策实施产生的负担,比如企业的合规成本、政府的管理成本等,将环境政策的效益定义为人类健康的改善和生态的改善等方面带来的效益,已形成一套完整的成本效益分析体系。

与欧美国家的实践相比,日本环境政策评估制度化推进的特点是鲜明的,其体系建设也具有可操作性和实用性。日本的环境政策评估工作可以分为事前评估和事后评估两种方式,事前评估对象主要依据政策评估法案第 3 条第 1 项相关规定确定,事后评估对象是日本环境省全部环境政策。评估标准侧重考虑三个基本方面:环境政策的必要性、有效性、效率水平。根据评估对象、时期、目的及方法等不同特点的评估需求,评估方式分为事业评估方式、业绩评估方式和综合评估方式三种不同方式。事业评估重点是政府的项目或计划的成本与收益预测;业绩评估的重点在于对实施环境政策的绩效测量,定期和连续地测定政策实施进度,并在实施期限后评估完成程度;综合评估主要用于环境政策实施过程中的特定问题的影响评估。日本环境政策评估结果的应用采取规划—执行—评估—反馈的运行模式,在政策和计划的管理周期或项目的管理周期中,均开展了全面的评估:事前、中期、结题、完成后等阶段都要开展评估,在每个评估完成后,都设计了反馈机制,便于将评估结果及时提供给决策者参考使用。

美国和日本等国家开展的环境政策评估工作在评估对象、评估方式、评估方法等方面都给我国开展环境政策评估提供了较好的借鉴意义。

（二）国内环境政策评估方法

我国对环境政策评估的理论和实践研究开展较晚。目前,常用的环境政策评估方法包括社会调查评估方法、环境经济评估方法、预测分析法、对比分析法、统计分析法、层次分析法和综合评估方法等定性定量相结合的评估方法等。环境政策评估方法及其适用范围见表 1-1。

表 1-1　环境政策评估方法及其适用范围

序号	评估模式类别	评估方法	适用范围
1	社会学评估方法	目标评估方法	评估环境政策目标的合理性
			评估环境政策目标的实现程度
2		SWOT 分析	环境政策实施区域选择的合理性
3		利益相关者方法	评估环境政策对利益相关者的预期和非预期影响
4		社会调查分析法	评估政策的必要性、目标可行性、监督机制是否科学、环境政策的社会影响等
5	环境经济评估方法	成本效益分析	评估环境政策的有效性
6			评估环境政策的效率
7		可计算一般均衡模型（CGE）	评估环境政策经济影响
8	数学评估方法	模糊评价法	评估环境政策效果
9		层次分析法（AHP）	评估地区环境政策效果差异
10	综合评估方法	评估主体综合、评估对象综合、评估方法综合	

　　根据流域标准评估的重点内容,流域标准评估主要有目标评估方法、社会调查分析法、成本效益分析法、综合评估方法等方法(见表1-2)。

表 1-2　流域标准评估方法及评估重点

序号	评估方法名称	方法的应用	评估重点
1	目标评估方法	通过对比政策实施前后的变化情况,对比环境政策执行前和执行后的联系和区别	评估流域标准目标的实现程度
2	社会调查分析法	运用调查问卷向各个被调查人了解环境政策社会影响相关的情况与意见	评估流域标准目标实现的可行性、监督机制是否科学、标准实施的社会影响等
3	成本效益分析法	通常用价值评估法(主要包括机会成本法、享乐价格法、支付意愿法等)将环境政策所产生的成本与效益货币化,从而评估环境政策的效率	评估流域标准的效率
4	综合评估方法	多种评估方法综合应用	综合评估流域标准实施的情况

二、流域标准评估内容

根据《国家污染物排放标准实施评估工作指南(试行)》,流域标准评估的重点内容包括达标情况评估、技术经济分析评估、环境效益评估、社会效益评估等。

张博对海洋标准实施情况进行评估研究,标准评估内容包括标准宣贯效果、标准实施水平(标准使用率、标准执行程度、标准使用频率)、标准效益、标准质量(适用性、科学合理性、可操作性、规范性)。

孙宁建立了排放标准评估指标,评估内容包括排放标准与国家标准管理体系的一致性、标准实施保障体系[环境管理制度保障作用、环境管理规划、专项整治行动保障作用、经济政策(手段)保障作用、促进达标排放的技术保障作用、环境监测和执法能力保障作用]、标准实施效果(状况)的评估(可操作性、执行性)、标准实施效益、标准实施效率等五个方面。

结合《国家污染物排放标准实施评估工作指南》和相关研究,从标准实施的目标实现情况、标准的合理性(标准与国家标准管理体系的一致性)、标准的效率(实施效果评估、实施保障情况评估等)、标准的效益(实施效益评估)进行评估。

第二章　标准评估体系构建

一、流域水污染物排放标准作用

流域水污染物排放标准是在摸清流域自然环境、社会经济、水环境质量和水污染排放情况,找到流域污染主要成因,以此作为标准的控制重点紧扣水质改善和环境管理需求,确定其控制水平,即确定控制重点和控制水平。流域水污染物排放标准的主要作用在于通过在特定流域内实施"统一的排放标准",实现特定的环境管理目标,可简单概括为促进流域主要污染物减排,整体改善流域水环境质量,同时通过减排倒逼流域产业调整转型,优化区域产业结构(见图2-1)。流域水污染物排放标准主要包括适用的范围、污染控制因子、排放限值及污染因子的分析方法等。

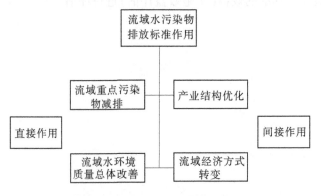

图 2-1　流域水污染物排放标准作用

二、流域水污染物排放标准评估的必要性

污染物排放标准的实用性是包括流域水污染物排放标准能否发挥作用的重要因素,定期对水污染物排放标准进行修订是保持其活力的重要手段——适时根据现实情况的变化、科技水平的提高,以及对环境管理新的认识,来及时重新评估修订标准,建立动态更新机制。从国际上看,环境标准的有效期限一般为 5 年,而我国现行流域水污染物排放标准,多数都超过了 5 年,急需对现行标准开展评估工作,以确定标准是否需要修订,是否适应目前流域管理需要。

三、评估原则

(一) 系统性原则

对标准的评估应具备系统性,针对发布的标准应定期进行评估,设计调查工作方案,对标准的实施情况进行调查、评估,系统评估标准在不同时段的实施情况,为标准的修订、更新或废止提供判断依据。

（二）完整性原则

评估内容应覆盖标准宣贯、标准实施和标准实施情况与问题反馈三个阶段,具体内容涵盖流域水污染物排放标准的全部内容,包括范围、规范性引用文件、术语和定义、水污染物排放控制要求、水污染物监测要求、实施与监督等。

（三）重点突出原则

标准评估应对标准制定过程中与标准实施后管理部门、企业和公众普遍反映的问题进行重点关注,对标准执行情况、标准实施的环境效益、经济成本、达标技术和达标率等进行重点评估。

（四）广泛参与原则

标准的制定和实施涉及流域内管理部门、排水企业、污染治理公司等多个主本,尤其与相关企业利益和环境质量管理息息相关,因此评估工作应广泛听取环境保护管理部门、行业主管部门或行业协会、排污企业、污染治理公司及行业专家等各方面意见,充分吸纳和分析。

四、评估对象

根据各流域水污染物排放标准,一般评估对象包括流域工业和城镇生活污水排放限值、监测、监控要求等。具体包括以下几项。

（一）公共污水处理系统

通过纳污管道等方式收集污水,为两家以上排污单位提供污水处理服务的企业或机构,包括各种规模和类型的城镇污水处理厂、区域（包括各类工业园区、开发区、产业集聚区、工业聚集地等）污水处理厂。

（二）排污单位

包括标准实施之前已投产或环评文件已通过审批的排污单位或生产设施、标准实施后环评文件通过审批的新建、扩建、改建的生产设施建设项目、除公共污水处理系统外的排污单位或生产设施等。

五、评估依据

评估依据主要为国家颁布的与环境保护相关的法律和国务院有关部门颁布的与环境保护相关的行政法规与规章、地方颁布的环境保护相关法规与规章、标准评估相关技术导则和规范、项目相关技术资料与委托书等。

六、评估时间

评估时间主要是评估对象即流域水污染物排放标准研究制定的基准年至开展标准评估工作的当前年。

七、评估框架

我国目前与流域水污染物排放标准评估相关的主要是生态环境部 2016 年 10 月印发的《国家污染物排放标准实施评估工作指南(试行)》(环办科技〔2016〕94 号),该指南主要用于指导国家污染物排放标准实施评估工作,地方污染物排放标准实施评估工作可参照执行。指南对标准评估的工作过程、工作内容、评估重点等进行了规定,为流域水污染物排放标准评估提供了指导。孙宁通过研究建立了污染物排放标准评估指标,评估内容包括:提出污染物排放标准与国家标准管理体系的一致性、标准实施保障体系有效性、标准实施的效果、效益、效率等五个方面。借鉴以上研究,围绕流域水污染物排放标准定位、作用、内容等因素,构建包括评估基础分析、标准执行情况、标准实施效果、实施保障情况、实施效益、环境形势分析在内的流域水污染物排放标准评估体系(见图 2-2)。

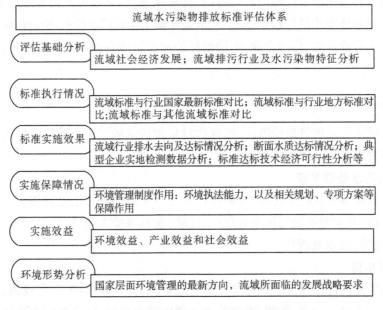

图 2-2 流域水污染物排放标准评估体系

(一)评估基础分析

评估基础分析包括流域社会经济发展和流域排污行业及水污染物特征分析,主要分析对比标准实施前及现在流域产业结构、排污行业及水污染物特征、污染源空间分布、污水处理厂建设等情况、确定流域重点排污行业及污染物是否发生变化,主要污染源(工业污染、农业污染源、生活污染源)是否发生变化等。

(二)标准执行情况

标准执行情况包括三个对比:一是在流域标准执行期间与流域内涉及行业的国家最新标准在污染因子及排放限值方面的对比;二是与流域所属省份新出的行业地方标准在污染因子及排放限值方面的对比;三是与其他流域标准进行对比,主要对比流域标准设置体系,适当比较流域控制因子的排放限值等。

(三)标准实施效果

标准实施效果包括流域相关行业排水去向(直接、间接)变化及达标情况分析;流域主要断面水质达标情况分析;流域典型企业实地检测数据分析;流域标准达标技术经济可行性分析等内容。

(四)实施保障情况

流域标准能否发挥作用,还取决于相关环境制度的保障作用,要分析流域标准实施期限内排污许可证、排污费征收、生态补偿等环境管理制度作用、环境执法能力,以及相关规划、专项方案(如环保攻坚战等)等的作用,对标准发挥所起的保障作用。

(五)实施效益

分析流域标准实施产生的环境效益、产业效益和社会效益,产业效益主要包括产业结构的优化、传统产业转型升级、高污染高能耗行业缩减等方面;社会效益主要包括环境改善带来的幸福感、营造全民环保氛围、百姓认同感等方面。

(六)环境形势分析

评估结论的取得在以上分析的基础上,还与流域目前面临的形势息息相关,既要考虑国家层面环境管理的最新方向,也要考虑流域所面临的发展战略要求,比如黄河流域既要结合现有问题、国家环境管理方向,也要考虑黄河流域生态保护和高质量发展国家战略要求。

第三章 评估技术路线

在对流域相关文件和资料收集的基础上,明确流域标准评估的内容、评估重点、工作步骤,在现有资料初步分析的基础上筛选并确定流域内调研地点、企业及现场监测企业,拟订调研方案及调查问卷,在此基础上开展现场调研,收集完善所需资料,对流域标准进行全面评估,如图 3-1 所示。

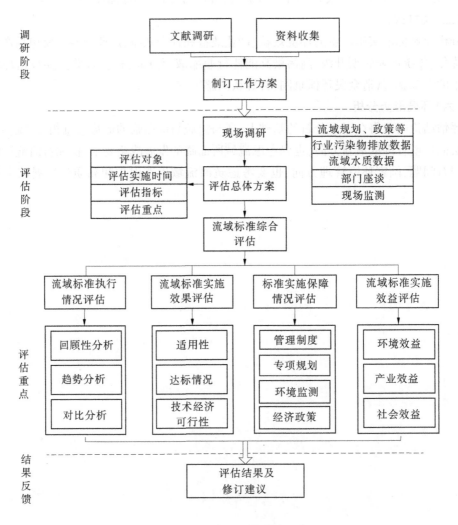

图 3-1 流域标准评估技术路线

第四章 评估调研方案设计

为更好地开展流域标准评估研究,对相关环境管理部门、流域标准重点控制的排污企业和直接向环境排放的污水处理系统等调查对象通过问卷调查、现场调查与座谈相结合的调查方法进行调查是必不可少的,相关的调研内容、调查表格等应包括以下内容。

一、收集资料内容

(1)涉及县(市)经济数据(GDP、三产产值及结构)、人口、城镇化率。工业中各行业产值、企业数量、规模以上企业数量。

(2)涉及县(市)流域内标准实施期间企业的环境统计数据。

(3)流域内标准实施期间每年国家重点监控企业污染源自动监测数据。

(4)流域水功能区划目标及现状水质类别,各断面规划目标值。

(5)流域重点水污染物排放行业、产业及企业情况(多少行业、各行业产值、企业数据、产品类型等)。

(6)各种类型的污水处理厂,包括城镇生活污水处理厂,产业集聚区污水处理厂等(名称、设计规模、实际处理规模、出水标准、收水范围、产业集聚区需明确收纳污水企业数量及占整个园区企业数据的比例)。

(7)畜禽养殖业情况(包括规模化养殖场数量及其他类型的数量、畜禽粪便处理方式)。

二、调查内容

(一)管理机构调研内容

1. 标准实施后水环境总体情况和未来管理需求

流域水质提升面临的主要压力是什么?目前地市存在的突出的水环境问题是什么?对于水质现状及达标要求,地市面临的压力是什么?在现有标准下,如何保证国控断面持续达到相应水质要求?

2. 标准执行总体情况

(1)流域标准是否与其他相关标准矛盾,具体矛盾的问题在哪儿?

(2)蟒沁河流域标准与地方规划和目标的协调性如何,是否有相互矛盾的地方?

(3)在执法监察、在线监测等过程中,流域标准的执行存在哪些问题?企业排污出现过哪些问题?如何解决的?

(4)目前流域标准中的指标是否有过于严格或者宽松的指标?哪些指标还有提升的空间?各断面目前的水质超标成因有哪些?流域标准实施后是否还存在特殊超标因子?

3. 标准适用性、技术经济性

(1)流域标准实施后限期整改或者关停案例、重点排污企业排污许可证申领与核发情况的变化。

(2)标准实施后对于当地重点污染行业,环保部门是如何从技术和经济上进行管理的?重点污染行业在清洁生产、减污治污方面取得的主要成果,企业开展清洁生产审核的有关情况;污染物排放的稳定达标情况。

(3)重点污染行业的产品生产和污染治理工艺及水平的变化趋势,企业的环保投资占比有多大?

(4)目前,流域内污水处理厂新建、改建和扩建情况,污染物排放稳定达标情况,污水厂在执行标准中存在的问题。

(5)各个行业、重点企业的用水量、用水效率、回用水量的现状及变化情况。

4.标准实施保障情况

(1)标准实施后地方出台的法规、技术指南及提标改造等管理文件发布情况。标准与环评、环境准入、排污许可等管理制度的配合情况。

(2)企业日常监测及环保部门监督性监测是否满足标准要求?是否出台了相关工作制度保障标准实施,监测设施建设情况如何。

(3)标准实施后与地方生态补偿、达标排放补贴等经济激励政策的衔接和配合情况。

5.标准实施后流域产业结构和产业集聚区发展情况

(1)标准实施期间,流域内的产业集聚区建设与发展情况;需要入园的企业是否都已搬迁完毕?

(2)产业集聚区收纳污水企业数量及占整个园区企业数量的比例。

(3)流域产业转型发展和升级情况,淘汰了哪些行业?

(4)流域未来的产业政策、产业发展方向、行业规划,产业集聚区未来建设和发展方向。地市对重点污染行业的发展规划意向是什么?未来5年行业发展趋势。

6.标准实施存在的问题和建议

(1)流域标准实施过程中存在哪些问题,有哪些好的建议。

(2)当前开展污染减排工作存在的主要问题和制约因素有哪些,各部门有何建议或对策。

(3)对流域标准修订有何建议,具体指标及标准值方面有何考虑。

(二)企业调研内容

选择重点行业的典型企业以及排入典型污水处理厂的企业,调查企业的生产规模、产品产量、生产工艺、清洁生产、污水处理技术、污染物产生,尤其是特征污染物的产生及排放情况、环境保护管理措施、经济投入、运维成本、企业自行监测数据等。咨询问题如下:

(1)目前,各企业能否按照流域标准进行排污?在无法达标的情况下,企业是否进行了技术升级?投入的经济成本有多大?企业对流域标准的修订有哪些需求。

(2)企业在执行流域标准的过程中,存在哪些问题?如何解决的?企业还有多大的减排空间。

(3)重点污染行业在标准实施后清洁生产、减污治污方面取得的成果有哪些,企业开展清洁生产审核的有关情况。

(4)企业研究和发展性支出情况及清洁生产落实情况。

(三)污水处理厂调研

选择流域内的污水处理厂,调查污水实际处理规模、污水收集与排放、水质稳定达标情况、标准实施后的提标改造情况、收水企业类型及数量变化情况、污水处理中面临的问题、对流域标准修订的需求与建议等。

三、调查表格

针对管理机构、排污企业、污染处理厂等重点群体的调查表如表 4-1~表 4-3 所示。

表 4-1 《流域水污染物排放标准》实施情况调查表

管理机构名称:
标准在实行过程中存在的问题: ①适用范围问题   ②污染物项目问题   ③水污染物排放限值问题   ④其他问题
对本标准修改的建议及其他建议:

表 4-2 《流域水污染物排放标准》实施情况企业调查表

<table>
<tr><td rowspan="5">企业基本信息</td><td>企业名称</td><td colspan="3"></td><td>企业地址</td><td colspan="5"></td></tr>
<tr><td>联系人</td><td></td><td>联系电话</td><td></td><td>电子邮箱</td><td colspan="5"></td></tr>
<tr><td colspan="2">所在产业集聚区名称</td><td colspan="8"></td></tr>
<tr><td rowspan="2">企业总产值(万元)</td><td rowspan="2"></td><td colspan="8">标准实施期间每年产值</td></tr>
<tr><td></td><td></td><td></td><td></td><td></td><td></td><td></td><td></td></tr>
</table>

<table>
<tr><td rowspan="3">企业产品概况</td><td>时间</td><td colspan="2">产品名称</td><td>生产产量
(t/a)</td><td>主要原料及用量</td></tr>
<tr><td>标准
实施前</td><td colspan="2"></td><td></td><td></td></tr>
<tr><td>标准
实施后</td><td colspan="2"></td><td></td><td></td></tr>
</table>

<table>
<tr><td rowspan="4">废水治理设施情况</td><td rowspan="2">标准
实施前</td><td>处理工艺概述</td><td></td></tr>
<tr><td>排水去向(处理后排入河流
或排入污水处理厂)</td><td></td></tr>
<tr><td rowspan="2">标准
实施后</td><td>处理工艺概述</td><td></td></tr>
<tr><td>排水去向(处理后排入河流
或排入污水处理厂)</td><td></td></tr>
</table>

<table>
<tr><td rowspan="3">标准实施后改造情况</td><td rowspan="2">改造项目
名称</td><td rowspan="2">改造内容</td><td rowspan="2">改造项
目总投
资(万元)</td><td rowspan="2">实施
年限</td><td colspan="2">处理成本(元/吨水)</td></tr>
<tr><td>标准实施前</td><td>标准
实施后</td></tr>
<tr><td></td><td></td><td></td><td></td><td></td><td></td></tr>
</table>

<table>
<tr><td>流域排放标准存在问题</td><td></td></tr>
<tr><td>对标准修改建议或其他建议</td><td></td></tr>
</table>

表 4-3 《流域水污染物排放标准》实施情况污水处理厂调查表

一、基本信息					
名称		地址		建设时间	年 月
联系人		联系电话		污水排放执行标准	

二、标准实施前废水治理情况

设计处理能力（m³/d）	实际处理量（m³/d）	运行费用（不含折旧）（元/吨污水）	实际收水面积（km²）	实际收水范围	收水企业数量
处理工艺概述					

三、标准实施后改造情况

设计处理能力（m³/d）	实际处理量（m³/d）	改造投资费用（万元）	运行费用(不含折旧)(元/吨污水)	实际收水面积（km²）	实际收水范围	收水企业数量
处理工艺概述						

四、流域标准实施存在问题	
五、对流域标准的实施和修订有何建议和意见	

第五章 评估监测方案设计

为了对流域重点行业、重点企业进行深入分析,通常需要通过典型企业实际采样监测来分析污水处理工艺技术可行性及处理成本,分析排放达标或不达标的原因。

一、监测依据

(1)《国家污染物排放标准实施评估工作指南(试行)》(环办科技〔2016〕94号)。
(2)《环境监测质量管理规定》(环发〔2006〕114号)。
(3)《环境监测质量管理技术导则》(HJ 630—2011)。
(4)《建设项目竣工环境保护验收技术指南 污染影响类》。

二、监测对象筛选

(一)筛选原则
监测对象筛选应符合代表性原则,选择的样本能够体现所在地区及所属行业的特点。

(二)筛选方法
针对不同行业,对收集到的文献与资料进行汇总分析,采取分区、分层、分类的方法筛选出重点区域和有代表性的典型企业,针对典型企业开展现场监测(见表5-1)。

(1)分区:按照环境管理水平和产业集中度划分重点区域与非重点区域。
(2)分层:按照重点行业、企业规模或者污染物排放量大小,区分大、中、小型企业。
(3)分类:按照不同工艺、污染治理技术、产品种类、燃料、原料等,区分不同类型的企业。

表 5-1 现场监测企业名单

序号	行业	企业名称	所在行政区	废水排放去向

三、监测指标与频次

(一)验收监测频次确定原则
为使监测结果全面真实地反映污染物排放和环境保护设施的运行效果,采样频次应能充分反映污染物排放和环境保护设施的运行情况,因此监测频次一般按以下原则确定:
(1)对有明显生产周期、污染物稳定排放的建设项目,污染物的采样和监测频次一般为 2~3 个周期,每个周期 3 至多次(不应少于执行标准中规定的次数)。

(2)对无明显生产周期、污染物稳定排放、连续生产的建设项目,废水采样和监测频次一般不少于 2 天,每天不少于 4 次。

(3)对污染物排放不稳定的建设项目,应适当增加采样频次,以便能够反映污染物排放的实际情况。

(4)对型号、功能相同的多个小型环境保护设施处理效率监测和污染物排放监测,可采用随机抽测方法进行。抽测的原则为:同样设施总数大于 5 个且小于 20 个的,随机抽测设施数量比例应不小于同样设施总数量的 50%;同样设施总数大于 20 个的,随机抽测设施数量比例应不小于同样设施总数量的 30%。

(5)进行环境质量监测时,地表水环境质量监测一般不少于 2 天,监测频次按相关监测技术规范并结合项目排放口废水排放规律确定。

(6)对设施处理效率的监测,可选择主要因子并适当减少监测频次,但应考虑处理周期并合理选择处理前、后的采样时间,对于不稳定排放的,应关注最高浓度排放时段。

(二)监测指标与频次的确定

监测主要指标及频次如表 5-2 所示,如无特殊说明,采样位置均位于排污单位的废水总排放口。

表 5-2　现场监测主要指标与频次

序号	企业名称	监测频次	常规因子	特征污染因子	说明

四、监测方法

确定监测指标所用的方法,一般为国标或行业标准方法(见表 5-3)。

表 5-3　监测指标与方法

序号	监测指标	监测方法	方法来源

第六章 案例一 《蟒沁河流域水污染物排放标准》(DB 41/776—2012)实施评估

1 总 论

1.1 评估背景

蟒沁河流域主要由蟒河和沁河两大水系组成,是黄河的重要支流,涉及济源市和焦作市的孟州市、温县、沁阳市、武陟县等地区,是河南省经济较发达的地区之一。蟒沁河流域经济水平整体较高,工业比重大,工业的发展给人们带来物质财富的同时,也对河流造成了污染。为了治理水体,控制污染排放,2012 年 12 月发布了《蟒沁河流域水污染物排放标准》(DB 41/776—2012),2013 年 3 月 1 日实施。在该标准实施的近几年,环保地位、环保制度、经济发展模式、环保技术等都发生了很大变化,新出台了一系列行业标准,实施了一系列环保措施,需对该地方标准实施的可达性、实施效果、存在的问题等实施情况进行客观、综合的评估,以便对流域标准及实施体系进行修正和改进,进一步完善蟒沁河流域标准,发挥流域标准在污染物减排、产业结构优化、经济发展方式转变等方面的促进作用,满足流域水体如今治理的要求。

1.2 评估原则

1.2.1 系统性原则

对标准的评估应具备系统性,针对发布的标准应定期进行评估,设计调查工作方案,对标准的实施情况进行调查、评估,系统评估标准在不同时段的实施情况,为标准的修订、更新或废止提供判断依据。

1.2.2 完整性原则

评估内容应覆盖标准宣贯、标准实施和标准实施情况与问题反馈 3 个阶段,具体内容涵盖流域水污染物排放标准的全部内容,包括范围、规范性引用文件、术语和定义、水污染物排放控制要求、水污染物监测要求、实施与监督等。

1.2.3 重点突出原则

标准评估应对标准制定过程中与标准实施后管理部门、企业和公众普遍反映的问题进行重点关注,对标准执行情况、标准实施的环境效益、经济成本、达标技术和达标率等进行重点评估。

1.2.4 广泛参与原则

标准的制定和实施涉及流域内管理部门、排水企业、污染治理公司等多个主体,尤其与相关企业利益和环境质量管理息息相关。因此,评估工作应广泛听取环境保护管理部门、行业主管部门或行业协会、排污企业、污染治理公司及行业专家等各方面意见,充分吸纳和分析。

1.3 评估依据

(1)《中华人民共和国环境保护法》(2014 年 4 月 24 日修订颁布,2015 年 1 月 1 日起实施)。

(2)《中华人民共和国水污染防治法》(2017 年 6 月 27 日修订颁布,2018 年 1 月 1 日起实施)。

(3)《水污染防治行动计划》(国发〔2015〕17 号)。

(4)《国家"十三五"生态环境保护规划》。

(5)《国家污染物排放标准实施评估工作指南(试行)》(环办科技〔2016〕94 号)。

(6)《国家水污染物排放标准制订技术导则》(HJ 945.2—2018)。

(7)《制定地方水污染物排放标准的技术原则与方法》(GB 3839—83)。

(8)《国家环境保护标准制修订工作管理办法》(国环规科技〔2017〕1 号)。

(9)《河南省污染防治攻坚战三年行动计划(2018~2020 年)》(豫政〔2018〕30 号)。

(10)《河南省碧水工程行动计划(水污染防治工作方案)》(豫政〔2015〕86 号)。

(11)《河南省"十三五"生态环境保护规划》。

(12)河南省流域水污染防治规划(2016~2020 年)。

(13)河南省人民政府关于打赢水污染防治攻坚战的意见(豫政〔2017〕2 号)。

(14)河南省辖黄河流域水污染防治攻坚战实施方案(2017~2019 年)。

(15)《焦作市辖黄河流域水污染防治攻坚战(水体达标)实施方案(2017~2019 年)》。

(16)《济源市污染防治攻坚战三年行动计划(2018~2020 年)》。

(17)蟒沁河流域相关县(市)政府工作报告、环保十三五规划、产业发展规划、统计年鉴等。

(18)《蟒沁河流域水污染物排放标准》(DB 41/776—2012)。

1.4 评估对象

根据《蟒沁河流域水污染物排放标准》(DB 41/776—2012),拟定评估对象包括流域工业和城镇生活污水排放限值、监测、监控要求等。具体包括以下几项内容。

1.4.1 公共污水处理系统

通过纳污管道等方式收集污水,为两家以上排污单位提供污水处理服务的企业或机构,包括各种规模和类型的城镇污水处理厂、区域(包括各类工业园区、开发区、产业集聚区、工业聚集地等)污水处理厂。截至 2017 年年底,蟒沁河流域公共污水处理厂共 9 个。

1.4.2 排污单位

排污单位包括标准实施之前已投产或环评文件已通过审批的排污单位或生产设施,标准实施后环评文件通过审批的新建、扩建、改建的生产设施建设项目,除公共污水处理系统外的排污单位或生产设施等。

1.5　评估时间

《蟒沁河流域水污染物排放标准》(DB 41/776—2012)于2012年12月28日发布,2013年3月1日开始实施,但标准研究制定的基准年为2011年。为有效评估流域标准实施前后的情况,拟以标准编制时的基准年2011年为基准进行标准实施情况评估。考虑到数据的获得性,评估时间综合确定为2011~2017年,其中标准实施之后2017年为标准实施情况的重点评估时间。

1.6　评估技术路线

在对蟒沁河流域相关文件和资料收集的基础上,明确流域标准评估的内容、评估重点、工作步骤,在现有资料初步分析基础上筛选并确定流域内调研地点、企业及现场监测企业,拟定调研方案及调查问卷,在此基础上开展现场调研,收集完善所需资料,对流域标准进行全面评估。

2　流域自然环境与社会经济发展概况

2.1　自然环境概况

2.1.1　水系状况

蟒沁河水系属于河南省辖黄河流域,主要包括蟒河和沁河两大水系,共同发源于山西省,在济源市流入河南省境内,沿途流经济源市和焦作市的孟州市、温县、沁阳市、武陟县等地区,同沿途的支流分别于温县氾水滩和武陟渠首汇入黄河。蟒河入黄河处距桃花峪水域24.7 km,沁河入黄河处距桃花峪水域4.8 km。

2.1.1.1　蟒河

蟒河是黄河北岸的一条重要支流,发源于山西省阳城县花园岭,在济源市窟窿山流入河南省境内,在济源境内与漭河汇合后流入孟州,蟒河在孟州新河口闸北分流为新蟒河和老蟒河。新蟒河经孟州市、温县、武陟在温县氾水滩汇入黄河,全长115 km,流域面积1 271 km²。老蟒河上游截流汇入新蟒河,下游经温县在武陟境内汇入沁河,河长73.4 km,主要排涝水。蟒河是季节性河流,其汛期河水暴涨,枯水期流量很小,甚至出现断流现象。蟒河主要功能为防洪除涝,并沿途接纳工业废水和生活污水,水体自净能力弱。蟒河的支流主要有漭河,水系情况如下。

漭河发源于济源市承留、恩礼,是济源市境内一条古老的河流,在我国古今水系中无同名者,由五指河、虎岭河汇入曲阳湖,经塌七河汇入的三河水库流出,在济源市区南的河口处与蟒河汇合,亦称南蟒河。

2.1.1.2　沁河

沁河是黄河左岸三门峡以下的一条最大支流,发源于山西省平遥县黑城村,自北向南流经山西高原的沁源县、安泽县等地。于晋城市沁水县、阳城县润城镇进入太行山区,经晋城市郊区后,出山西省境,东南流入河南省境,至济源市五龙口出山后,流入平原,东流经沁阳县、博爱县、温县,在武陟县城南方陵村注入黄河,全长485 km。沁河总流域面积13 532 km²(含支流丹河在内),其中河南省境内仅1 228 km²,占沁河全流域的10.2%。沁河属于季节性山洪河流,水量随季节变化明显,在河南省境内的支流主要有济河、丹河等,水系情况如下。

1. 丹河

丹河是沁河最大的支流,常年有水,发源于山西省晋城市高平市赵庄丹朱岭,途经高平、陵川、晋城,于河南省焦作沁阳市进入河南省境内,并于博爱县陈庄入沁河。河长120 km,流域面积3 152 km²,其中在河南省境内河长52 km。

2. 济河

济河为沁河的一条支流,又称济水,发源于济源市西北2 km处,有二源,一出济源济渎庙,一出龙潭。二水在济源程村合流,东流至沁阳柏香后分为二支,一支东南流为猪龙河,是济河主流,流经温县于坨村入黄河;另一支流入沁阳县城,流至龙涧村入沁河。济河常年流量在1.5 m³/s左右,沿途接纳济源市和沁阳市生活污水和工业废水。

2.1.2 气候状况

蟒沁河流域属暖温带大陆性季风气候,季风进退与四季替换比较明显,由于受季风和地形的影响,地区气候差异性较大,总的特点是:四季分明,干旱或半干旱季节明显,春季气温回升快,多风少雨干旱;夏季炎热,光照充足,降水集中;秋季秋高气爽,冬季寒冷,干燥少雪。年平均气温10~14.4 ℃,1月气温最低,平均为-0.2 ℃,极端最低气温达-20 ℃;7月气温最高,平均为27.4 ℃,极端最高气温达43 ℃。

蟒沁河流域降雨与气温同步,年降水量自南而北递减,平均降水量为550~650 mm。因受季风影响,降雨年内很不均匀,雨量多集中在7~9月,占年降水量的50%以上,而且降雨强度大,常造成洪涝灾害。

2.1.3 地形地貌

蟒河从源头山西省晋城市阳城县,入河南省济源市,大致由北向南横切山地流入平原。流域面积1 203 km²,其中山区237 km²,丘陵区180 km²,平原786 km²。在上游山区部分,河谷深切石灰岩层,成峡谷状,岸坡高达50 m,谷宽约30 m,个别地段仅宽1~2 m。谷地岩石裸露,比降很大,为1/30~1/40。平常水流很小,洪水量很大,出山以后,支流汇集,水量渐增,但由于比降骤降至1/2 000,宣泄能力远不及上游,极易引起河水漫溢。

沁河流域经过沁潞高原,穿太行山,自济源五龙口进入冲积平原。流域边缘山岭海拔多在1 500 m以上,中部山地海拔约1 000 m。流域内石山林区占流域面积的53%;土石丘陵区占流域面积的35%;河谷盆地占流域面积的10%;冲积平原区占流域面积的2%,分布于济源五龙口以下,有灌溉之利,亦有洪灾威胁。

蟒沁河流域在河南省境内经过济源市和焦作市。济源市境北部为太行山脉和中条山脉,南部丘陵为黄土高原与山西隆区边缘的延伸,形成了区域西北高、东南低的倾斜地势,梯形差异明显,地貌形态复杂,有山地、丘陵与平原。其中平原面积为231.3 km²,占全市总面积的11.8%,土层较厚。丘陵面积为401.3 km²,占全市总面积的20.4%。

焦作市地处太行山脉与豫北平原的过渡地带。地貌由平原与山区两大基本结构单元构成,地势由西北向东南倾斜,由北向南渐低。从北部山区到南部平原呈阶梯式变化,层次分明。总的地势是北高南低,自然平均坡度为2‰。最高处海拔1 955 m,最低处海拔90 m,地面高差达1 800 m。

2.2 社会经济概况

2.2.1 人口情况

蟒沁河流域覆盖焦作市的孟州市、温县、沁阳市、武陟县(詹店镇、西陶镇、大封镇、乔庙乡、大虹桥乡、北郭乡)及济源市。蟒沁河流域城镇化水平整体较高,据统计,2011年末蟒沁河流域人口约221.1万人,流域城镇化率为46.9%,比河南省平均水平(40.6%)高6.3个百分点,其中,济源市城镇化率为51.4%,18个省辖市中排名第2,仅次于郑州市。流域内涉及的焦作市2市2县平均城镇化率为46.3%,比全省平均水平高5.7个百分点。截至2017年末,蟒沁河流域常住人口约268.97万人,流域城镇化率为52.4%,比2011年提高5.5个百分点,年均提高0.9个百分点;其中,济源市城镇化率为61.05%,比2011年提高9.7个百分点,焦作市2市2县平均城镇化率为50.23%,比2011年提高3.9个百分点。

2.2.2 经济情况

2011年,蟒沁河流域GDP总量为1 071亿元,占全省GDP总量的4.0%(26 931亿元)。流域GDP增长率为14.3%,高于全省平均水平(11.9%)。流域人均生产总值为4.85万元,远高于全省人均生产总值(2.87万元)水平,处于全省领先水平。流域三次产业结构为7:71:22,与全省三产结构13:55:32相比,第二产业比重较高,第一产业和第三产业比重较低,表明流域工业水平较高。2017年蟒沁河流域GDP总量为2 023亿元,是2011年的1.9倍,年均增长11.2%,人均GDP 7.52万元,三次产业结构为5:61:34,与2011年相比,第一产业和第二产业比重下降,第三产业比重提高,表明流域社会经济水平提高;与全省三产结构11:48:42相比,以工业为主的第二产业比重仍然偏高。总体看来,流域经济基础较好,第二产业是拉动GDP增长的主要因素。

2.2.3 工业结构

蟒沁河流域经济水平整体较高,工业比重大,2011年流域第二产业产值为1 002.11亿元,其中工业增加值为840.21亿元;2017年第二产业产值为1 325.67亿元,其中工业增加值为1 187.64亿元。

2.2.3.1 2011年工业结构分析

2011年,蟒沁河流域工业增加值840.21亿元,主要行业为有色金属冶炼及压延加工业、非金属矿物制品业、化学原料和化学制品制造业、农副食品加工业、通用设备制造业等,分别占流域工业增加值的7.4%、13.3%、8.1%、5.2%、7.7%。不同地区的主导产业和特色产业不同,济源的有色金属冶炼及压延加工业占主导地位,占济源工业增加值的23.2%,其次是黑色金属冶炼工业,而二者在焦作的工业行业中排不到前五;焦作的非金属矿物制品业占主导地位,占焦作工业增加值的13.9%,其次是化学原料和化学制品制造业,其中进入焦作工业增加值前十的皮革、毛皮、羽毛(绒)及其制品业,在济源工业增加值占比较低。

2.2.3.2　2017 年工业结构分析

2017 年,蟒沁河流域工业增加值 1 187. 64 亿元,是 2011 年的 1.4 倍,年均增长 6.9%,主要行业仍为有色金属冶炼及压延加工业、非金属矿物制品业、化学原料和化学制品制造业、农副食品加工业、通用设备制造业等,分别占流域工业增加值的 8.1%、12.6%、11.8%、5.6%、6.3%。与 2011 年相比,主要行业占比略有变动,这是因为 6 年来,蟒沁河流域转变发展方式,调整工业结构,工业转型升级稳步推进,工业结构得到了一定的优化,高技术产业增加值增长 10% 以上,占工业比重分别在 30% 以上。其中,皮革、毛皮、羽毛(绒)及其制品业发展势头很好,每年增加值的增速都保持在 10% 以上。高档皮革和毛皮及制品、制鞋等轻工业成为蟒沁河流域优先承接发展的产业。

2.3　流域水文特征

据赵礼庄水文站统计,蟒河的多年平均天然径流量为 0.923 亿 m^3,年最大径流量为 1964 年的 2.3 亿 m^3,年最小径流量为 1972 年的 0.37 亿 m^3,二者相差 62 倍多。汛期 6~9 月天然径流量只占全年总量的 46%,森林对径流的调节作用比较明显。

蟒河平时河水很少,到汛期山洪暴发,洪峰流量一般在 500~700 m^3/s,最大洪峰达 1 000~2 000 m^3/s。济源境内蟒河水槽可通过 1 000~2 000 m^3/s 不成灾,而孟州市只能通过 80 m^3/s,故每年汛期暴雨季节,水患严重,连年成灾,沿河村庄 20 多万亩(1 亩 = 1/15 hm^2)良田常遭水淹。

沁河水资源比较丰富,多年平均径流量 8. 270 亿 m^3,占黄河花园口站年径流量的 1.43%。沁河约 90% 以上的径流量来自山西省,河南省境内径流量很少,主要来源于降水补给。河川径流的变化与降水量有着较好的对应关系,枯水期河水主要靠地下水补给,流量小而稳定,洪水期流量变化大。近些年来,天然径流量持续减少,除受到降水持续偏少的影响外,也受到人类活动的影响。7~10 月径流量占年径流量的 70%。径流的年际变化大,如武陟站 1956 年年径流量 30.97 亿 m^3,1991 年年径流量 0.112 亿 m^3。

沁河含沙量少,全流域平均侵蚀模数每平方千米为 619 t,属水清沙少的河流。多年平均输沙量为 798 万 t(小董站),年际变化较大,历年最大在 1954 年,为 3 130 万 t;历年最小为 1965 年的 45.8 万 t,年内分配不均,汛期 6~8 月输沙量占年输沙量的 86%。沁河水质好,受污染轻微。

3　排污行业及水污染物特征变化分析

3.1　污染物排放特征变化分析

3.1.1　污染源结构特征变化分析

标准实施后污染源结构发生变化,流域污染源排放量从工业源、生活源相当改变为以生活源为主导,化学需氧量排放量生活源、工业源比例约为 7.7:2.3;氨氮排放量生活源、工业源比例约为 9.2:0.8。2017 年工业源化学需氧量、氨氮排放量较 2011 年分别下降 83.6%、87.0%。标准实施前,2011 年,蟒沁河流域的工业和生活废水化学需氧量排放总量为 18 235.40 t/a,氨氮排放量为 2 425.06 t/a。蟒沁河流域工业源化学需氧量排放量占 59.08%,生活源化学需氧量排放量占 40.92%,工业源氨氮排放量占 37.52%,生活源氨氮排放量占 62.48%。标准实施后,2017 年,蟒沁河流域的工业源和生活源废水化学需氧量排放总量为 7 741.99 t/a,氨氮排放量为 1 511.12 t/a。其中,工业源化学需氧量排放量占 22.8%,生活源化学需氧量排放量占 77.2%,工业源氨氮排放量占 7.83%,生活源氨氮排放量占 92.17%。排除农业污染源的因素,就工业源与生活源排污而言,标准实施后,工业源化学需氧量及氨氮排放量占比分别从 59.08% 和 37.52% 下降为 22.8% 和 7.83%,降幅为 36.28% 和 29.69%。2017 年工业源化学需氧量、氨氮排放量较 2011 年分别下降 83.6%、87.0%。流域 2017 年污染源排放统计见表 6-1,污染源结构占比见图 6-1。

表 6-1　流域 2017 年污染源排放统计

项目	废水排放量(万 t/a)			COD 排放量(t/a)			氨氮排放量(t/a)		
	工业源	生活源	合计	工业源	生活源	合计	工业源	生活源	合计
济源	1 081.52	3 373.2	4 454.72	314.1	1 809.3	2 123.4	17.8	572.7	590.5
焦作	4 176.36	6 876.88	11 053.24	1 450.98	4 167.61	5 618.59	100.55	820.07	920.62
合计	5 257.88	10 250.08	15 507.96	1 765.08	5 976.91	7 741.99	118.35	1 392.77	1 511.12
占比(%)	33.90	66.1		22.80	77.2		7.83	92.17	

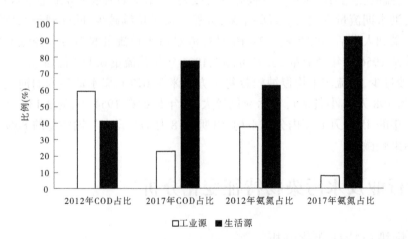

图 6-1　污染源结构占比

从排水方式看,从分散排水改变为经集中式污水处理厂排入流域占主导,85% 以上的废水、化学需氧量、氨氮都是经集中式污水处理厂排放,企业直排占比下降到 15% 以下。标准实施后,2017 年,企业直排化学需氧量排放量占 12.77%,经集中式污水处理厂排放化学需氧量排放量占 87.23%,企业直排氨氮排放量占 15.05%,经集中式污水处理厂排放氨氮排放量占 84.95%。流域 2017 年重点企业排水途径见表 6-2。

表 6-2　流域 2017 年重点企业排水途径

项目	废水排放量(万 t/a)			COD 排放量(t/a)			氨氮排放量(t/a)		
	直排	集中排放	合计	直排	集中排放	合计	直排	集中排放	合计
济源	441.97	4 205.86	4 647.83	142.96	976.17	1 119.13	9.97	7.91	17.88
焦作	932.59	7 632.90	8 565.49	357.01	2 439.16	2 796.17	25.42	191.85	217.27
合计	1 374.56	11 838.76	13 213.32	499.97	3 415.33	3 915.30	35.39	199.76	235.15
占比(%)	10.40	89.60		12.77	87.23		15.05	84.95	

从排水去向上看,流域排污量以排入蟒河为主,接纳废水、化学需氧量、氨氮量分别约占流域总量的七成以上。2017 年,流域排入蟒河的废水量、化学需氧量、氨氮分别占流域排污量的 74.77%、74.20%、68.18%;流域排入沁河的废水量、化学需氧量、氨氮分别占流域排污量的 25.23%、25.80%、31.82%。蟒河是流域污染源排放的主要纳污河流。

3.1.2　工业源空间分布特征变化分析

流域工业源主要集中在孟州市、沁阳市、武陟县、济源市四县(市),孟州市污染物排放量最高,工业废水排放量、COD 排放量、流域工业排放量占比分别为 31.85%、38.12% 和 43.43%。四县(市)工业废水总排放量、COD 排放量和氨氮排放量分别占流域内工业企业总排放量的 99.44%、99.43% 和 99.29%。在蟒沁河流域工业污染源按照行政区域划分,流域工业源废水中企业处理后直接排入环境废水量占比为 26.15%,其余 73.85% 的废水经企业简单处理后排入集中式污水处理厂。按照污染物排放县(市、区)划分,涉水工业企业数量最多的为孟州市和济源市,分别有 51 家和 36 家;工业源排放最多的为孟州市,无论是工业废水排放量、COD 排放量,还是氨氮排放量,均是蟒沁河流域内占比最高的区域,比例分别为 31.85%、38.12% 和 43.43%;沁阳市、武陟县、济源市排放量相当;温县污染物排放量最少,沁阳市废水总排放量、COD 排放量和氨氮排放量分别占流域内工业企业总排放量的 24.58%、20.03% 和 18.05%;武陟县废水总排放量、COD 排放量和氨氮排放量分别占流域内工业企业总排放量的 22.44%、23.48% 和 22.76%。济源市废水总排放量、COD 排放量和氨氮排放量分别占流域内工业企业总排放量的 20.57%、17.8% 和 15.04%。四县(市)废水总排放量、COD 排放量和氨氮排放量分别占流域内工业企业总排放量的 99.44%、99.43% 和 99.29%。流域主要工业企业废水直排量占其总排水量的 26.1%。具体见表 6-3 及图 6-2。

表 6-3　流域主要工业源污染排放空间分布统计

县 (市、区)	企业数量(家)			废水排放量(万 t/a)		污染物排放量(t/a)	
	直排数	间排数	总数	总排放量	直排量	COD	氨氮
济源市	27	9	36	1 081.52	442.0	314.1	17.8
沁阳市	8	13	19*	1 292.64	204.9	353.63	21.36
孟州市	7	44	51	1 674.62	475.6	672.81	51.4
温县	8	24	32	29.47	15.0	10.12	0.84
武陟县	4	0	4	1 179.62	237.2	414.42	26.94
合计	54	90	142	5 257.87	1 374.7	1 765.08	118.34

注:"*"沁阳市有两家企业既有直排,又有间排。

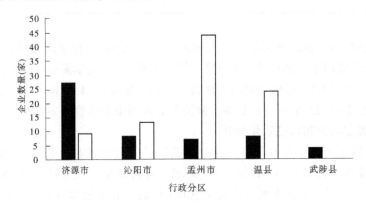

图 6-2　主要工业企业直排、间排企业分布

3.1.3　工业源排放行业特征变化分析

根据济源市、焦作市 2017 年工业基表统计,蟒沁河流域现有涉水工业企业数量 142 家,企业数量最多的行业分别是制革及毛皮加工(50 家)、食品及农副产品加工(23 家)、化工(35 家)、造纸和纸制品业(10 家)、其他行业(24 家)。

与标准实施前 2011 年相比,2017 年,流域排污重点行业未发生变化,依然是制革及毛皮加工业、食品及农副产品加工业、化工行业、造纸和纸制品业这 4 个行业,废水量、COD 排放量、氨氮排放量分别占流域涉水企业总排放量的 85.17%、89.17%、91.29%。2017 年,蟒沁河流域工业废水、COD 排放量、氨氮排放均以制革及毛皮加工业、食品及农副产品加工业、化工行业、造纸和纸制品业这 4 个行业最为突出,根据统计,蟒沁河流域内制革及毛皮加工行业企业共有 50 家,行业总产值为 57.22 亿元,占流域涉水企业总产值的 4.76%,其废水量、COD 排放量、氨氮排放量分别占流域涉水企业总排放量的 25.58%、33.04%、34.57%;食品及农副产品加工业共有企业 23 家,食品行业工业总产值为 85.04 亿元,占流域涉水企业总产值的 7.07%,其废水量、COD 排放量、氨氮排放量分别占流域涉水企业总排放量的 25.84%、28.61%、31.99%；化工行业企业共 35 家，行业总产值 116.38 亿元，占流域工业总产值的 9.68%，其废水量、COD、氨氮分别占流域涉水企业总排放量的 26.89%、19.93%、20.43%；造纸和纸制品业共有企业 10 家，工业总产值 10.33 亿元，占流域工业总产值的 0.86%，其废水量、COD 排放量、氨氮排放量均分别占流域总排放量的 6.86%、7.81%、4.3%。综上所述，2017 年，蟒沁河流域重点行业为制革及毛皮加工业、食品及农副产品加工业、化工行业、造纸和纸制品业这 4 个行业，四个行业产值占流域涉水企业总产值的 22.5%，而废水量、COD 排放量、氨氮排放量分别占流域涉水企业总排放量的 85.17%、89.17%、91.29%。污染物排放情况统计如表 6-4 所示。

表 6-4　流域 2017 年重点工业源排放行业统计

序号	行业类别	企业数量（家）	产值（亿元）	废水排放量（万 t/a）	污染物排放量（t/a）	
					COD	氨氮
1	制革及毛皮加工行业	50	57.22	940.87	410.00	28.71
2	食品及农副产品加工业	23	85.23	950.30	355.00	26.57
3	化工行业	35	116.38	989.01	247.3	16.97
4	造纸和纸制品业	10	11.59	252.11	94.09	3.57
5	其他行业	24	896.13	545.26	134.40	7.23
	合计	142	907.72	3 677.55	1 240.79	83.05

3.1.4　重金属污染物排放特征变化分析

与 2011 年相比，2017 年，流域涉水企业重金属排放依然以总铬、铅、砷等为主，涉重企业主要为金属冶炼、制革及毛皮加工及电池制造等。总铬、六价铬主要来自于制革及毛皮鞣制加工业；铅主要来自于铅锌冶炼及铅蓄电池制造；砷主要来自于铅锌冶炼。总铬、铅、镉、砷等排放量削减比例分别达到 98.15%、90.59%、98.88%、85.27%。根据济源市、焦作市环境统计工业基表，蟒沁河流域内 2017 年涉重金属企业有 60 家，主要是金属冶炼、制革及毛皮加工及电池制造等，重金属类别中总铬的排放量最大，主要来自于制革及毛皮鞣制加工业；其次是铅，主要来自于铅锌冶炼及铅蓄电池制造；砷主要来自于铅锌冶炼；六价铬主要来自于皮革及毛皮鞣制加工业；汞来自于初级形态塑料及合成树脂制造、铅锌冶炼及基础化学原料制造；镉来自于铅锌冶炼。标准实施后，蟒沁河流域内重金属排放量较多的依然是总铬、铅、砷等，但排放量都大幅减少，总铬、铅、镉、砷等排放量削减比例分别达到 98.15%、90.59%、98.88%、85.27%。

3.1.5　污水处理厂建设运行情况

与 2011 年相比，流域污水处理厂由标准实施前的 5 家增加到 9 家，设计处理规模为 33.5 万 t/d，增加 15 万 t/d，实际处理量 32.43 万 t/d，增加 20.08 t/d，全部达到一级标准的 A 标准。除沁阳 3 家污水处理厂排入沁河外，其余 6 家污水处理厂排水全部进入蟒河。

标准实施前,蟒沁河流域有温县污水处理厂、沁阳市污水处理厂、沁阳市第二污水处理厂、孟州污水处理厂和济源市城市污水处理厂等5家集中式污水处理厂,设计处理规模为18.5万t/d,实际处理规模12.35万t/d,污水处理厂的平均负荷率为66.76%。这5座污水处理厂中除济源市城市污水处理厂和沁阳市第二污水处理厂化学需氧量、氨氮排放浓度能达到一级A标准外,其余污水处理厂化学需氧量排放浓度可达到一级A标准,氨氮排放浓度仅可达到一级B标准,污水处理厂化学需氧量去除率在84.32%~97.28%,氨氮去除率在63.2%~97.75%。

标准实施后,蟒沁河流域共有污水处理厂9座,其中济源市2座,焦作市7座(如表6-5所示),设计处理规模为33.5万t/d,实际处理量11 838.76万t/a,约合32.43万t/d,污水处理厂的平均负荷率为96.81%。9座污水处理厂累计排放COD、氨氮、总磷分别为3 415.33 t/a、199.76 t/a、33.02 t/a,COD、氨氮去除率分别在71.3%~90.74%、87.57%~99.12%。9座污水处理厂均执行《蟒沁河流域水污染物排放标准》,按照该标准规定,流域内公共污水处理系统需按照《城镇污水处理厂污染物排放标准》(GB 18918—2002)中一级标准的A标准及其他相关规定执行,即COD≤50 mg/L、氨氮≤5 mg/L、总磷≤0.5 mg/L,9座污水处理厂废水排放均达到排放标准。

表6-5 流域2017年污水处理厂运行情况

序号	污水处理厂名称	排水去向	处理量(万t/a)	污染物排放量(t/a)		
				COD	氨氮	总磷
1	济源市污水厂一期	蟒河	2 340.31	397.85	3.79	9.13
2	济源市污水厂二期	蟒河	1 865.55	578.32	4.12	5.97
3	沁阳市源清污水处理有限公司(沁阳一厂)	沁河	867.06	282.73	24.17	0.27
4	葛洲坝水务(沁阳)有限公司(沁阳二厂)	沁河	1 120.99	279.40	23.55	3.78
5	焦作中持水务有限公司(沁阳三厂)	沁河	1 153.14	321.91	24.16	2.07
6	温县中投水务有限公司污水分公司(第一污水处理厂)	蟒河	2 124.51	710.53	44.50	4.43
7	温县中投水务有限公司污水分公司(第二污水处理厂)	蟒河	322.23	74.11	4.78	0.30
8	中信环境水务(孟州)市有限公司	蟒河	767.47	227.54	14.48	1.45
9	孟州市城市污水处理有限公司	蟒河	1 277.50	542.94	56.21	5.62
	合计		11 838.76	3 415.33	199.76	33.02

3.2 重点排污行业变化特征分析

根据污染物排放特征分析,综合考虑工业结构、企业数量、废水和污染物排放情况等因素,蟒沁河流域水污染物排放标准开始实施前筛选重点排放行业4个,分别为食品及农副产品加工业、造纸和纸制品业、制革及毛皮加工业和化工行业;《蟒沁河流域水污染物排放标准》颁布实施后的2017年,筛选重点行业4个,分别为制革及毛皮加工业、食品及农副产品加工业、化工行业及造纸和纸制品业。按照排污行业类型,对上述4个重点排污行业水污染物排放情况进行分析。

3.2.1 制革及毛皮加工业

2011年,蟒沁河流域内共171家制革及毛皮加工企业,其中16家直排企业,155家分布于3个废水集中处理的皮毛群。3个皮毛群分别为孟州市桑坡皮毛群(135家)、田寺皮毛群(15家)、南庄三村皮毛群(5家)。制革及毛皮加工行业总生产能力为6 692万张/年,工业总产值为94.49亿元,占流域工业总产值的9.33%,化学需氧量排放量2 255.75 t/a、氨氮排放量320.11 t/a,分别占工业排放总量的20.94%和41.39%。从生产规模来看,皮毛企业中,生产能力最大企业为700万张/年,生产能力大于60万张/年的企业为25家,30万~60万张/年企业的85家,30万张/年以下的企业61家,整体上企业技术装备水平较差,清洁生产水平较低。

与2011年相比,流域制革及毛皮加工企业单位产值由0.55亿元/个提升到1.14亿元/个,行业产业效率得到了一定提高。COD和氨氮排放量削减比例分别为81.83%和91.03%;万元产值COD排放强度由2.387 3 kg下降到0.716 5 kg,氨氮排放强度由0.338 8 kg下降到0.050 2 kg。2017年,蟒沁河流域内制革及毛皮加工企业减少到50家,其中济源市1家、温县1家、沁阳市9家、孟州市39家,其中8家企业达标处理直接排放,其余企业废水经处理后排入污水处理厂进行二次处理(见表6-6)。流域标准实施期间,流域内制革及毛皮加工数由171家减少到50家,减少了70.76%;行业产值由94.49亿元减少到57.22亿元,减少了39.44%;单位产值由0.55亿元/个提升到1.14亿元/个。COD和氨氮排放量分别从2011年的2 255.75 t/a和320.11 t/a下降至2017年的410.00 t/a和28.71 t/a,削减比例分别为81.83%和91.03%;万元产值COD排放强度由2.387 3 kg下降到0.716 5 kg,氨氮排放强度由0.338 8 kg下降到0.050 2 kg。通过标准的实施,制革及毛皮加工业排污量大幅消减了八到九成,单位产值提升明显,行业产业效率得到了一定提高。

表6-6 流域制革及毛皮加工业水污染物排放统计

时间(年)	企业数量(家)	年产值(亿元)			污染物排放量(t/a)			
		产值	单位产值(亿元/个)	流域总产值占比(%)	COD	流域工业排污量占比(%)	氨氮	流域工业排污量占比(%)
2011	171	94.49	0.55	9.33	2 255.75	20.94	320.11	41.39
2017	50	57.22	1.14	4.76	410.00	33.04	28.71	34.57

3.2.2 食品及农副产品加工业

2011 年,蟒沁河流域共有食品、农副产品、软饮料制造业企业 26 家,其中饮料制造业企业共 6 家,主要生产酒精及软饮料;农副产品加工业企业共 10 家,主要生产淀粉及淀粉制品、畜禽屠宰;食品制造业企业共 10 家,主要生产方便面及其他方便食品。食品行业工业总产值为 50.82 亿元,占流域工业总产值的 5.02%,化学需氧量排放量 1 182.61 t、氨氮排放量 95.06 t,分别占工业排放总量的 10.98% 和 12.29%,见表 6-7。

表 6-7　流域食品及农副产品加工业水污染物排放统计

年份	企业数量（家）	年产值（亿元）			污染物排放量（t/a）			
		产值	单位产值（亿元/个）	流域总产值占比（%）	COD	流域工业排污量占比（%）	氨氮	流域工业排污量占比（%）
2011	26	50.82	1.95	5.02	1 182.61	10.98	95.06	12.29
2017	23	85.23	3.70	7.07	355.00	28.61	26.57	31.99

与 2011 年相比,流域食品及农副产品加工业单位产值由 1.95 亿元/个提升到 3.70 亿元/个,行业产业效率得到一定提高。COD 和氨氮排放量削减比例分别为 70.03% 和 72.10%;万元产值 COD 排放强度由 2.327 1 kg 下降到 0.416 8 kg,氨氮排放强度由 0.187 1 kg 下降到 0.031 2 kg。2017 年,蟒沁河流域共有食品、农副产品、软饮料制造业企业 23 家,其中济源市 8 家,温县 5 家,孟州市 7 家,武陟县 3 家。从产品类型来看,饮料制造业企业共 10 家,主要生产酒精及软饮料;农副产品加工业企业共 9 家,主要生产淀粉及淀粉制品、小麦加工、食品及饲料添加剂制造、调味品及发酵制品制造;畜禽屠宰 3 家;食品制造企业 1 家,主要生产方便面。流域标准实施期间,流域内食品及农副产品加工业企业家数由 26 家减少到 23 家,行业产值由 50.82 亿元增加到 85.23 亿元;单位产值由 1.95 亿元/个提升到 3.70 亿元/个,COD 和氨氮排放量分别从实施前的 1 182.61 t/a 和 95.06 t/a 下降至 2017 年的 355.00 t/a 和 26.57 t/a,削减比例分别为 70.03% 和 72.10%;万元产值 COD 排放强度由 2.327 1 kg 下降到 0.416 8 kg,氨氮排放强度由 0.187 1 kg 下降到 0.031 2 kg。通过标准的实施,食品及农副产品加工业排污量大幅消减,单位产值提升明显,行业产业效率得到一定提高。

3.2.3 化工行业

2011 年,蟒沁河流域内化工企业为 17 家,主要分布在蟒沁河流域的济源、温县和沁阳,该行业工业总产值 169.44 亿元,占流域工业总产值的 16.72%,化学需氧量排放量 769.01 t/a、氨氮排放量 111.59 t/a,分别占工业排放总量的 7.13% 和 14.43%。流域内化工行业污染物排放较多的主要为氯碱企业,济源 2 家,沁阳 1 家,工业总产值 43.8 亿元,占流域生产总值的 4.3%;其次为化肥制造业,共 6 家,工业总产值为 116.27 亿元,占流域生产总值的 10.86%;其他企业为动物胶、糠醛、碳酸钙、颜料等产品生产企业,废水产生量相对较小,污染物排放量较低,工业总产值为 0.95 亿元,占流域生产总值的 0.1%。蟒沁河流域化工行业主要废水排放源是氯碱和氮肥生产企业,见表 6-8。

表 6-8 蟒沁河流域化工行业水污染物排放统计

年份	企业数量（家）	年产值（亿元）			污染物排放量(t/a)			
		产值	单位产值（亿元/个）	流域总产值占比（%）	COD	流域工业排污量占比（%）	氨氮	流域工业排污量占比（%）
2011	17	169.44	9.96	16.72	769.01	7.13	111.59	14.43
2017	35	116.38	3.33	5.32	247.3	19.93	16.97	20.43

与 2011 年相比,流域化工行业精细化工企业数量增加,化工产业有向高端精细化工迈进趋势。COD 和氨氮排放量削减比例分别为 67.91% 和 84.84%;万元化工产值 COD 排放强度由 0.453 9 kg 下降到 0.212 0 kg,氨氮排放强度由 0.065 9 kg 下降到 0.014 5 kg。2017 年,蟒沁河流域内化工行业企业为 35 家(济源市 13 家、温县 16 家、孟州市 3 家、沁阳市 3 家),其中塑料橡胶制品 14 家、化学原料制造企业 7 家、专项化学用品制造 3 家、化肥制造 2 家、化学农药制造 2 家、中药制药 2 家、炼焦 2 家、无机盐制造 1 家、动物胶 1 家、其他合成材料制造 1 家。流域标准实施期间,流域内涉水化工行业企业数量显著增加,从 2011 年的 17 家增加到 35 家,产值由 169.44 亿元减少到 116.38 亿元,单位产值从 9.96 亿元/个下降到 3.33 亿元/个;COD 和氨氮排放量分别从实施前的 769.01 t/a 和 111.59 t/a 下降至 2017 年的 247.3 t/a 和 16.97 t/a,削减比例分别为 67.91% 和 84.84%;万元化工产值 COD 排放强度由 0.453 9 kg 下降到 0.212 0 kg,氨氮排放强度由 0.065 9 kg 下降到 0.014 5 kg。通过标准的实施,化工行业产品类型发生较大变化,化肥制造企业由 6 家减少到 2 家,污染小、附加值高的产业如基础化学原料(聚乙烯、邻氨基苯酚)制造、专项化学品制造、环保材料制造等精细化工企业数量增加,化工产业向高端精细化工迈进。

3.2.4 造纸和纸制品业

2011 年,蟒沁河流域共有造纸和纸制品企业 24 家,总规模约 89.9 万 t/a,工业总产值为 55.47 亿元,占流域工业总产值的 5.47%,化学需氧量排放量 4 910.09 t/a、氨氮排放量 212.65 t/a,分别占工业排放总量的 45.58% 和 27.49%。流域内麦草制浆和造纸联合生产企业 1 家,规模为 5 万 t/年。废纸制浆造纸和商品浆造纸规模合计 78.4 万 t/年,其中瓦楞纸生产企业 9 家,总规模 48.4 万 t/年,平均规模 5.37 万 t/年,远低于国家对该纸品 10 万 t/年的准入要求;卫生纸生产企业 7 家,总规模 6.25 万 t/年,平均规模 0.88 万 t/年;其他类型造纸企业 7 家,总规模为 23.75 万 t/年,总体上装备和清洁生产水平低,90% 的企业达不到清洁生产二级水平,见表 6-9。

与 2011 年相比,流域造纸和纸制品下降,COD 和氨氮排放量削减比例分别为 98.08% 和 98.32%;万元产值 COD 排放强度由 8.851 8 kg 下降到 0.910 8 kg,氨氮排放强度由 0.383 4 kg 下降到 0.034 6 kg。2017 年,蟒沁河流域内造纸和纸制品企业减少到 10 家,其中济源市 1 家、温县 2 家、沁阳市 5 家、孟州市 1 家、武陟县 1 家。均是采用商品浆或废纸制浆造纸。流域标准实施期间,流域内造纸和纸制品行业企业家数由 24 家减少到 10 家,产值由 55.47 亿元减少到 10.33 亿元;单位产值从 2.31 亿元/个下降到 0.78 亿元/个;COD 和氨氮排放量分别从实施前的 4 910.09 t/a 和 212.65 t/a 下降至 2017 年的

94.09 t/a 和 3.57 t/a,削减比例分别为 98.08% 和 98.32%;万元产值 COD 排放强度由 8.851 8 kg 下降到 0.910 8 kg,氨氮排放强度由 0.383 4 kg 下降到 0.034 6 kg。标准实施后,流域造纸和纸制品业发生了较大变化,不仅企业数量大幅减少,而且造纸原料也发生了较大变化,污染排放量大,废水难处理的生料制浆造纸企业被淘汰,以废纸制浆和商品浆为原料造纸的企业数量也大幅减小。

表 6-9 流域造纸行业水污染物排放统计

年份	企业数量(家)	年产值(亿元)			污染物排放量(t/a)			
		产值	单位产值(亿元/个)	流域总产值占比(%)	COD	流域工业排污量占比(%)	氨氮	流域工业排污量占比(%)
2011	24	55.47	2.31	5.47	4 910.09	45.58	212.65	27.49
2017	10	10.33	0.78	0.86	94.09	7.81	3.57	4.3

4 流域标准执行情况评估

4.1 标准制订情况回顾性分析

2011 年 5 月,省生态环境厅(原省环保厅)委托郑州大学开展蟒沁河流域标准制订工作,于 2012 年 12 月 28 日发布了《蟒沁河流域水污染物排放标准》(DB 41/776—2012),标准于 2013 年 3 月 1 日实施。

4.1.1 标准制订的必要性

蟒沁河流域水污染物排放标准制订的目的主要有以下四方面:一是为了流域减排责任目标达标、改善流域水环境质量;二是为了引导流域产业结构调整、破解流域结构性污染难题;三是为了满足流域环境管理、依法行政的需要;四是保障黄河下游饮用水源安全的需要。具体如下。

(1)责任目标达标的需要。

标准制定时,蟒沁河流域城镇化水平和经济发展水平远高于全省平均水平,污染物排放强度大,减排任务十分繁重。"十二五"期间,流域工业生活化学需氧量和氨氮的减排比例分别为 11.07% 和 10.85%。在污染减排潜力有限、社会经济发展带来的污染物排放量刚性增加的情况下,亟需制定《蟒沁河流域水污染物排放标准》,促进污染减排任务的完成。

(2)改善流域水环境质量的需要。

蟒沁河流域"十二五"规划目标为:蟒河温县汜水滩断面化学需氧量浓度小于等于 40 mg/L,氨氮浓度小于或等于 4 mg/L,其余指标 V 类;沁河武陟渠首断面化学需氧量浓度小于或等于 30 mg/L,氨氮浓度小于或等于 2 mg/L,其余指标 V 类。

对照"十二五"规划目标要求,根据 2011 年监测数据,蟒河温县汜水滩断面化学需氧量年均值为 46.5 mg/L,超标率为 83.3%,氨氮年均值为 4.4 mg/L,超标率为 66.7%;沁河武陟渠首断面化学需氧量年均值为 30.1 mg/L，超标率为 16.7%，氨氮年均值为 2.6 mg/L，超标率为 50%。

从 2011 年国家和省重点监控企业污染源自动监控数据来看，按照现在执行的水污染物排放标准，企业已全部实现了达标排放，但蟒沁河水质仍不能达到"十二五"规划目标要求，需要制定更加严格的流域标准，进一步控制水污染物排放，才能实现水环境质量的改善。

（3）破解流域结构性污染难题的需要。

流域内制革及毛皮加工企业 171 家、造纸企业 24 家，数量多、生产规模小、大部分企业生产规模达不到国家及河南省产业准入的要求，工艺装备落后、排污量大、产业层次低、经济效益差，"小、散、弱"特点突出，是导致流域结构性污染问题突出的主要原因，也是制约流域水质改善的主要因素，亟需制定流域标准形成倒逼机制，加快流域落后产能淘汰，促进产业优化升级。

（4）依法行政的需要。

标准编制时，蟒沁河流域工业企业执行的标准有行业污染物排放标准和《污水综合排放标准》（GB 8978—1996）等 30 多项标准，标准限值宽严不一，如化学需氧量排放限值为 50~300 mg/L，控制尺度不一，现行标准已经明显不能满足环境管理的需要，必须尽快制定流域水污染物排放标准，使环境管理有法可依。

（5）提高黄河下游饮用水源安全保障的需要。

蟒河、沁河入黄口下游黄河干流为郑州、新乡的集中饮用水源，蟒河入黄处距郑州市饮用水源二级保护区桃花峪水域 24.7 km，沁河入黄处距桃花峪水域仅 4.8 km，蟒沁河水质的好坏直接关系到下游几百万人的饮水安全问题。因此，制定蟒沁河水污染物排放标准，全面提升流域排污控制要求，是保障黄河中下游水源地水质安全的需要。

4.1.2 标准定位

蟒沁河流域标准制定是对国家现行水污染物排放标准的有益补充，与国家现行水污染物排放标准并行且从严执行。该标准主要用于控制流域内工业废水和城镇生活污水的排放，与国家标准和河南省地方标准配套协同，推进流域产业结构调整和优势产业升级，促进污染减排，助推流域经济发展方式转变，为全面达到水质功能目标奠定基础，促使流域环境与经济协调发展。

4.1.3 标准控制因子和限值

4.1.3.1 标准控制因子

该标准编制时，基于对蟒沁河流域水质、污染源贡献的分析，认为蟒沁河流域主要工业废水排放来自于造纸、制革及毛皮加工、食品及农副产品加工、化工等行业，需对这些行业废水及生活污水进行分析、控制。

污染物项目的确定依据：本着"围绕地表水质改善、抓住地表水 21 项监控因子，着力控制流域地表水超标因子，考虑水环境生态补偿监测因子，满足总量减排需要，控制流域典型排污行业通用污染控制因子，可量化、可监测"的原则，结合国内相关标准制定情况，蟒沁河流域标准确定了 27 项控制因子，其中第一类污染物 7 项，第二类污染物 20 项，见表6-10。

表 6-10　标准筛选确定的控制因子

污染物类型	污染物控制项目
第一类污染物	总汞、总镉、总铬、六价铬、总砷、总铅、总镍
第二类污染物	pH、色度、悬浮物(SS)、五日生化需氧量(BOD_5)、化学需氧量(COD)、石油类、动植物油、挥发酚、氰化物、硫化物、氨氮、氟化物、阴离子表面活性剂、总铜、总锌、总硒、粪大肠菌群数、总氮、总磷、氯乙烯

4.1.3.2　标准限值

标准编制时,主要依据《制定地方水污染物排放标准的技术原则与方法》(GB 3839—83),根据控制因子的性质、类别不同,以《地表水环境质量标准》(GB 3838—2002)为目标,结合流域水环境、社会经济环境特点,在建立蟒沁河流域水质与水污染排放之间的输入、输出响应关系模型,初步确定排放标准限值,类比国内相关标准进行适当修正,采用环境容量校核,并通过典型行业实测资料进一步分析检验,最终确定排放标准限值。标准确定的限制水平整体处于国内相关标准中相对严格水平。

4.2　标准与流域现行相关标准的对比分析

4.2.1　流域相关现行标准

蟒沁河流域涉水主要行业有:制革及毛皮加工业、食品及农副产品加工业、化工行业、造纸和纸制品业、塑料及橡胶产品制造业、有色金属冶炼及压延工业、机械电器及通信设备制造业、电池工业、建材耐材工业、中药制药、玻璃制品、炼焦、石墨碳素制品、热电等。流域排放标准实施以来,国家及河南省新发布或修订了 11 项相关行业标准,其中国家行业标准 9 项,主要涉及制革及毛皮加工工业,电池工业,柠檬酸工业,合成氨工业,锡、锑、汞工业,再生铜、铝、铅、锌工业等。地方行业标准 2 项,分别是合成氨工业和化工行业。

目前,蟒沁河流域按涉水行业应执行的国家及地方水污染物排放标准共计 31 项,包括污水综合排放标准 1 项、城镇污水处理厂污染物排放标准 1 项、行业及地方排放标准 29 项;从 2013 年 3 月蟒沁河流域排放标准实施以来,共发布了 11 项行业标准,其中国家行业标准 9 项,分别是《制革及毛皮加工工业水污染物排放标准》(GB 30486—2013)、《电池工业污染物排放标准》(GB 30484—2013)、《柠檬酸工业水污染物排放标准》(GB 19430—2013)、《合成氨工业水污染物排放标准》(GB 13458—2013)、《锡、锑、汞工业水污染物排放标准》(GB 30770—2014)、《再生铜、铝、铅、锌工业污染物排放标准》(GB 31574—2015)、《无机化学工业污染物排放标准》(GB 31573—2015)、《石油炼制工业污染物排放标准》(GB 31570—2015)、《石油化学工业污染物排放标准》(GB 31571—2015)。地方行业标准 2 项,分别是《合成氨工业水污染物排放标准》(DB 41/538—2017)和《化工行业水污染物间接排放标准》(DB 41/1135—2016),见表 6-11。

表 6-11　流域现执行排放标准

序号	标准名称	说明
1	《污水综合排放标准》(GB 8978—1996)	
2	《城镇污水处理厂污染物排放标准》(GB 18918—2002)	
3	《制浆造纸工业水污染物排放标准》(GB 3544—2008)	
4	《铅、锌工业水污染物排放标准》(GB 25466—2010)	
5	《电镀污染物排放标准》(GB 21900—2008)	
6	《钢铁工业水污染物排放标准》(GB 13456—2012)	
7	《铁矿采选工业水污染物排放标准》(GB 28661—2012)	
8	《铁合金工业污染物排放标准》(GB 28666—2012)	
9	《纺织染整工业水污染物排放标准》(GB 4287—92)	标准实施前颁布(2012年及以前)
10	《毛纺工业水污染物排放标准》(GB 28937—2012)	
11	《麻纺工业水污染物排放标准》(GB 28938—2012)	
12	《中药类制药工业水污染物排放标准》(GB 21906—2008)	
13	《炼焦化学工业污染物排放标准》(GB 16171—2012)	
14	《螺丝工业水污染物排放标准》(GB 28936—2012)	
15	《肉类加工工业水污染物排放标准》(GB 13457—92)	
16	《稀土工业污染物排放标准》(GB 26451—2011)	
17	《淀粉工业水污染物排放标准》(GB 25461—2010)	
18	《化学合成类制药工业水污染物间接排放标准》(DB 41/756—2012)	
19	《发酵类制药工业水污染物间接排放标准》(DB 41/758—2012)	
20	《铅冶炼工业污染物排放标准》(DB 41/684—2011)	
21	《制革及毛皮加工工业水污染物排放标准》(GB 30486—2013)	
22	《电池工业污染物排放标准》(GB 30484—2013)	
23	《合成氨工业水污染物排放标准》(GB 13458—2013)	
24	《柠檬酸工业水污染物排放标准》(GB 19430—2013)	
25	《锡、锑、汞工业水污染物排放标准》(GB 30770—2014)	标准实施后颁布(2013年之后)
26	《再生铜、铝、铅、锌工业污染物排放标准》(GB 31574—2015)	
27	《无机化学工业污染物排放标准》(GB 31573—2015)	
28	《石油炼制工业污染物排放标准》(GB 31570—2015)	
29	《石油化学工业污染物排放标准》(GB 31571—2015)	
30	《化工行业水污染物间接排放标准》(DB 41/1135—2016)	
31	《合成氨工业水污染物排放标准》(DB 41/538—2017)	

4.2.2 污染因子控制水平对比

标准第二类污染物排放限值与后颁布的行业标准、地方标准相比,均持平或加严;总铅、总砷、总镉等第一类污染物限值与《再生铜、铝、铅、锌工业污染物排放标准》(GB 31574—2015)相比较宽松,与其他后颁布的行业标准、地方标准相比,均持平或加严。

4.2.2.1 色度控制水平对比

本标准色度排放限值为30倍,与后颁布的行业标准、地方标准相比,均持平或加严,见表6-12。

表6-12 色度控制水平对比

序号	标准名称	色度 (稀释倍数)
	本标准	30
1	《制革及毛皮加工工业水污染物排放标准》(GB 30486—2013)	30
2	《电池工业污染物排放标准》(GB 30484—2013)	—
3	《合成氨工业水污染物排放标准》(GB 13458—2013)	—
4	《柠檬酸工业水污染物排放标准》(GB 19430—2013)	40
5	《锡、锑、汞工业水污染物排放标准》(GB 30770—2014)	—
6	《再生铜、铝、铅、锌工业污染物排放标准》(GB 31574—2015)	—
7	《无机化学工业污染物排放标准》(GB 31573—2015)	—
8	《石油炼制工业污染物排放标准》(GB 31570—2015)	—
9	《石油化学工业污染物排放标准》(GB 31571—2015)	—
10	《化工行业水污染物间接排放标准》(DB 41/1135—2016)	70(间排)
11	《合成氨工业水污染物排放标准》(DB 41/538—2017)	—

4.2.2.2 悬浮物控制水平对比

本标准悬浮物排放限值为30 mg/L,与后颁布的行业标准、地方标准相比,均持平或加严,见表6-13。

表6-13 悬浮物控制水平对比

序号	标准名称	悬浮物(mg/L)	
	本标准	橡胶	10
		医疗	20
		其他	30
1	《制革及毛皮加工工业水污染物排放标准》(GB 30486—2013)	50	
2	《电池工业污染物排放标准》(GB 30484—2013)	50	
3	《合成氨工业水污染物排放标准》(GB 13458—2013)	50	
4	《柠檬酸工业水污染物排放标准》(GB 19430—2013)	50	

续表 6-13

序号	标准名称	悬浮物（mg/L）	
	本标准	橡胶	10
		医疗	20
		其他	30
5	《锡、锑、汞工业水污染物排放标准》（GB 30770—2014）	采选	70
		其他	30
6	《再生铜、铝、铅、锌工业污染物排放标准》（GB 31574—2015）	30	
7	《无机化学工业污染物排放标准》（GB 31573—2015）	50	
8	《石油炼制工业污染物排放标准》（GB 31570—2015）	70	
9	《石油化学工业污染物排放标准》（GB 31571—2015）	70	
10	《化工行业水污染物间接排放标准》（DB 41/1135—2016）	150（间排）	
11	《合成氨工业水污染物排放标准》（DB 41/538—2017）	40	

4.2.2.3 化学需氧量控制水平对比

本标准化学需氧量排放限值为 50 mg/L，与后颁布的行业标准、地方标准相比，均持平或加严，见表 6-14。

表 6-14 化学需氧量控制水平对比

序号	标准名称	化学需氧量（mg/L）
	本标准	50
1	《制革及毛皮加工工业水污染物排放标准》（GB 30486—2013）	100
2	《电池工业污染物排放标准》（GB 30484—2013）	70
3	《合成氨工业水污染物排放标准》（GB 13458—2013）	80
4	《柠檬酸工业水污染物排放标准》（GB 19430—2013）	100
5	《锡、锑、汞工业水污染物排放标准》（GB 30770—2014）	60
6	《再生铜、铝、铅、锌工业污染物排放标准》（GB 31574—2015）	50
7	《无机化学工业污染物排放标准》（GB 31573—2015）	50
8	《石油炼制工业污染物排放标准》（GB 31570—2015）	60
9	《石油化学工业污染物排放标准》（GB 31571—2015）	60
10	《化工行业水污染物间接排放标准》（DB 41/1135—2016）	300（间排）
11	《合成氨工业水污染物排放标准》（DB 41/538—2017）	50

4.2.2.4 五日生化需氧量控制水平对比

本标准五日生化需氧量排放限值为 10 mg/L，与后颁布的行业标准、地方标准相比，均加严，见表 6-15。

表 6-15　五日生化需氧量控制水平对比

序号	标准名称	五日生化需氧量（mg/L）
	本标准	10
1	《制革及毛皮加工工业水污染物排放标准》（GB 30486—2013）	30
2	《电池工业污染物排放标准》（GB 30484—2013）	—
3	《合成氨工业水污染物排放标准》（GB 13458—2013）	—
4	《柠檬酸工业水污染物排放标准》（GB 19430—2013）	20
5	《锡、锑、汞工业水污染物排放标准》（GB 30770—2014）	—
6	《再生铜、铝、铅、锌工业污染物排放标准》（GB 31574—2015）	—
7	《无机化学工业污染物排放标准》（GB 31573—2015）	—
8	《石油炼制工业污染物排放标准》（GB 31570—2015）	20
9	《石油化学工业污染物排放标准》（GB 31571—2015）	20
10	《化工行业水污染物间接排放标准》（DB 41/1135—2016）	150（间排）
11	《合成氨工业水污染物排放标准》（DB 41/538—2017）	—

4.2.2.5　氨氮控制水平对比

本标准氨氮排放限值为 5（8）mg/L，与后颁布的行业标准、地方标准相比，均持平或加严，见表 6-16。

表 6-16　氨氮控制水平对比

序号	标准名称	氨氮（mg/L）	
	本标准	陶瓷工业	3.0
		铅冶炼、钢铁、橡胶	5.0
		其他	5（8）
1	《制革及毛皮加工工业水污染物排放标准》（GB 30486—2013）	25	
2	《电池工业污染物排放标准》（GB 30484—2013）	10	
3	《合成氨工业水污染物排放标准》（GB 13458—2013）	25	
4	《柠檬酸工业水污染物排放标准》（GB 19430—2013）	10	
5	《锡、锑、汞工业水污染物排放标准》（GB 30770—2014）	8	
6	《再生铜、铝、铅、锌工业污染物排放标准》（GB 31574—2015）	8	
7	《无机化学工业污染物排放标准》（GB 31573—2015）	10	
8	《石油炼制工业污染物排放标准》（GB 31570—2015）	8.0	
9	《石油化学工业污染物排放标准》（GB 31571—2015）	8.0	
10	《化工行业水污染物间接排放标准》（DB 41/1135—2016）	30（间排）	
11	《合成氨工业水污染物排放标准》（DB 41/538—2017）	15	

4.2.2.6　总氮控制水平对比

本标准总氮排放限值为 15 mg/L，与后颁布的行业标准、地方标准相比，均持平或加严,见表6-17。

表 6-17 总氮控制水平对比

序号	标准名称	总氮（mg/L）	
	本标准	铅冶炼、橡胶制品	10
		制浆造纸	12
		其他	15
1	《制革及毛皮加工工业水污染物排放标准》（GB 30486—2013）	50	
2	《电池工业污染物排放标准》（GB 30484—2013）	15	
3	《合成氨工业水污染物排放标准》（GB 13458—2013）	35	
4	《柠檬酸工业水污染物排放标准》（GB 19430—2013）	20	
5	《锡、锑、汞工业水污染物排放标准》（GB 30770—2014）	15	
6	《再生铜、铝、铅、锌工业污染物排放标准》（GB 31574—2015）	15	
7	《无机化学工业污染物排放标准》（GB 31573—2015）	无机氰化物	30
		其他	20
8	《石油炼制工业污染物排放标准》（GB 31570—2015）	40	
9	《石油化学工业污染物排放标准》（GB 31571—2015）	40	
10	《化工行业水污染物间接排放标准》（DB 41/1135—2016）	50（间排）	
11	《合成氨工业水污染物排放标准》（DB 41/538—2017）	25	

4.2.2.7 总磷控制水平对比

本标准总磷排放限值为 0.5 mg/L，与后颁布的行业标准、地方标准相比，均持平或加严，见表6-18。

表 6-18 总磷控制水平对比

序号	标准名称	总磷（mg/L）（以 P 计）
	本标准	0.5
1	《制革及毛皮加工工业水污染物排放标准》（GB 30486—2013）	1.0
2	《电池工业污染物排放标准》（GB 30484—2013）	0.5
3	《合成氨工业水污染物排放标准》（GB 13458—2013）	0.5
4	《柠檬酸工业水污染物排放标准》（GB 19430—2013）	1.0
5	《锡、锑、汞工业水污染物排放标准》（GB 30770—2014）	1.0
6	《再生铜、铝、铅、锌工业污染物排放标准》（GB 31574—2015）	1.0
7	《无机化学工业污染物排放标准》（GB 31573—2015）	0.5
8	《石油炼制工业污染物排放标准》（GB 31570—2015）	1.0
9	《石油化学工业污染物排放标准》（GB 31571—2015）	1.0
10	《化工行业水污染物间接排放标准》（DB 41/1135—2016）	5（间排）
11	《合成氨工业水污染物排放标准》（DB 41/538—2017）	0.5

4.2.2.8 石油类控制水平对比

本标准石油类排放限值为 3.0 mg/L,与后颁布的行业标准、地方标准相比,均持平或加严,见表 6-19。

表 6-19　石油类控制水平对比

序号	标准名称	石油类(mg/L)	
	本标准	橡胶制品工业	1.0
		炼焦化学工业	2.5
		其他	3.0
1	《制革及毛皮加工工业水污染物排放标准》(GB 30486—2013)	—	
2	《电池工业污染物排放标准》(GB 30484—2013)	—	
3	《合成氨工业水污染物排放标准》(GB 13458—2013)	3	
4	《柠檬酸工业水污染物排放标准》(GB 19430—2013)	—	
5	《锡、锑、汞工业水污染物排放标准》(GB 30770—2014)	3	
6	《再生铜、铝、铅、锌工业污染物排放标准》(GB 31574—2015)	3	
7	《无机化学工业污染物排放标准》(GB 31573—2015)	3	
8	《石油炼制工业污染物排放标准》(GB 31570—2015)	5.0	
9	《石油化学工业污染物排放标准》(GB 31571—2015)	5.0	
10	《化工行业水污染物间接排放标准》(DB 41/1135—2016)	20(间排)	
11	《合成氨工业水污染物排放标准》(DB 41/538—2017)	3	

4.2.2.9 动植物油控制水平对比

本标准动植物油排放限值为 5.0 mg/L,与后颁布的行业标准、地方标准相比,均加严,见表 6-20。

表 6-20　动植物油控制水平对比

序号	标准名称	动植物油(mg/L)
	本标准	5.0
1	《制革及毛皮加工工业水污染物排放标准》(GB 30486—2013)	10
2	《电池工业污染物排放标准》(GB 30484—2013)	—
3	《合成氨工业水污染物排放标准》(GB 13458—2013)	—
4	《柠檬酸工业水污染物排放标准》(GB 19430—2013)	—
5	《锡、锑、汞工业水污染物排放标准》(GB 30770—2014)	—
6	《再生铜、铝、铅、锌工业污染物排放标准》(GB 31574—2015)	—
7	《无机化学工业污染物排放标准》(GB 31573—2015)	—
8	《石油炼制工业污染物排放标准》(GB 31570—2015)	—
9	《石油化学工业污染物排放标准》(GB 31571—2015)	—
10	《化工行业水污染物间接排放标准》(DB 41/1135—2016)	100(间排)
11	《合成氨工业水污染物排放标准》(DB 41/538—2017)	—

4.2.2.10 挥发酚控制水平对比

本标准挥发酚排放限值为 0.1 mg/L,与后颁布的行业标准、地方标准相比,均持平或加严,见表 6-21。

表 6-21 挥发酚控制水平对比

序号	标准名称	挥发酚(mg/L)
	本标准	0.1
1	《制革及毛皮加工工业水污染物排放标准》(GB 30486—2013)	—
2	《电池工业污染物排放标准》(GB 30484—2013)	—
3	《合成氨工业水污染物排放标准》(GB 13458—2013)	0.1
4	《柠檬酸工业水污染物排放标准》(GB 19430—2013)	—
5	《锡、锑、汞工业水污染物排放标准》(GB 30770—2014)	—
6	《再生铜、铝、铅、锌工业污染物排放标准》(GB 31574—2015)	—
7	《无机化学工业污染物排放标准》(GB 31573—2015)	—
8	《石油炼制工业污染物排放标准》(GB 31570—2015)	0.5
9	《石油化学工业污染物排放标准》(GB 31571—2015)	0.5
10	《化工行业水污染物间接排放标准》(DB 41/1135—2016)	1.0(间排)
11	《合成氨工业水污染物排放标准》(DB 41/538—2017)	0.1

4.2.2.11 氰化物控制水平对比

本标准氰化物排放限值为 0.2 mg/L,与后颁布的行业标准、地方标准相比,均持平或加严,见表 6-22。

表 6-22 氰化物控制水平对比

序号	标准名称	氰化物(mg/L)
	本标准	0.2
1	《制革及毛皮加工工业水污染物排放标准》(GB 30486—2013)	—
2	《电池工业污染物排放标准》(GB 30484—2013)	—
3	《合成氨工业水污染物排放标准》(GB 13458—2013)	0.2
4	《柠檬酸工业水污染物排放标准》(GB 19430—2013)	—
5	《锡、锑、汞工业水污染物排放标准》(GB 30770—2014)	—
6	《再生铜、铝、铅、锌工业污染物排放标准》(GB 31574—2015)	—
7	《无机化学工业污染物排放标准》(GB 31573—2015)	0.3
8	《石油炼制工业污染物排放标准》(GB 31570—2015)	0.5
9	《石油化学工业污染物排放标准》(GB 31571—2015)	0.5
10	《化工行业水污染物间接排放标准》(DB 41/1135—2016)	0.5(间排)
11	《合成氨工业水污染物排放标准》(DB 41/538—2017)	0.2

4.2.2.12 硫化物控制水平对比

本标准硫化物排放限值为 0.5 mg/L,与后颁布的行业标准、地方标准相比,均持平或加严,见表 6-23。

表 6-23 硫化物控制水平对比

序号	标准名称	硫化物(mg/L)
	本标准	0.5
1	《制革及毛皮加工工业水污染物排放标准》(GB 30486—2013)	0.5
2	《电池工业污染物排放标准》(GB 30484—2013)	—
3	《合成氨工业水污染物排放标准》(GB 13458—2013)	0.5
4	《柠檬酸工业水污染物排放标准》(GB 19430—2013)	—
5	《锡、锑、汞工业水污染物排放标准》(GB 30770—2014)	0.5
6	《再生铜、铝、铅、锌工业污染物排放标准》(GB 31574—2015)	1
7	《无机化学工业污染物排放标准》(GB 31573—2015)	0.5
8	《石油炼制工业污染物排放标准》(GB 31570—2015)	1
9	《石油化学工业污染物排放标准》(GB 31571—2015)	1
10	《化工行业水污染物间接排放标准》(DB 41/1135—2016)	1(间排)
11	《合成氨工业水污染物排放标准》(DB 41/538—2017)	0.5

4.2.2.13 氟化物控制水平对比

本标准氟化物排放限值为 5 mg/L,与后颁布的行业标准、地方标准相比,均持平或加严,见表 6-24。

表 6-24 氟化物控制水平对比

序号	标准名称	氟化物(mg/L)
	本标准	5.0
1	《制革及毛皮加工工业水污染物排放标准》(GB 30486—2013)	—
2	《电池工业污染物排放标准》(GB 30484—2013)	8.0(太阳能电池)
3	《合成氨工业水污染物排放标准》(GB 13458—2013)	—
4	《柠檬酸工业水污染物排放标准》(GB 19430—2013)	—
5	《锡、锑、汞工业水污染物排放标准》(GB 30770—2014)	5
6	《再生铜、铝、铅、锌工业污染物排放标准》(GB 31574—2015)	—
7	《无机化学工业污染物排放标准》(GB 31573—2015)	6
8	《石油炼制工业污染物排放标准》(GB 31570—2015)	—
9	《石油化学工业污染物排放标准》(GB 31571—2015)	10
10	《化工行业水污染物间接排放标准》(DB 41/1135—2016)	10(间排)
11	《合成氨工业水污染物排放标准》(DB 41/538—2017)	—

4.2.2.14 总铜控制水平对比

本标准总铜排放限值为 0.5 mg/L,与《锡、锑、汞工业水污染物排放标准》(GB 30770—2014)及《再生铜、铝、铅、锌工业污染物排放标准》(GB 31574—2015)限值相比宽松,与其他后颁布的行业标准、地方标准持平或加严,见表6-25。

表 6-25　总铜控制水平对比

序号	标准名称	总铜(mg/L)	
	本标准	陶瓷工业	0.1
		其他	0.5
1	《制革及毛皮加工工业水污染物排放标准》(GB 30486—2013)	—	
2	《电池工业污染物排放标准》(GB 30484—2013)	—	
3	《合成氨工业水污染物排放标准》(GB 13458—2013)	—	
4	《柠檬酸工业水污染物排放标准》(GB 19430—2013)	—	
5	《锡、锑、汞工业水污染物排放标准》(GB 30770—2014)	0.2(严)	
6	《再生铜、铝、铅、锌工业污染物排放标准》(GB 31574—2015)	0.2(严)	
7	《无机化学工业污染物排放标准》(GB 31573—2015)	0.5	
8	《石油炼制工业污染物排放标准》(GB 31570—2015)	—	
9	《石油化学工业污染物排放标准》(GB 31571—2015)	0.5	
10	《化工行业水污染物间接排放标准》(DB 41/1135—2016)	1.0(间排)	
11	《合成氨工业水污染物排放标准》(DB 41/538—2017)	—	

4.2.2.15 总锌控制水平对比

本标准总锌排放限值为 1.0 mg/L,与后颁布的行业标准、地方标准相比,均持平或加严,见表6-26。

表 6-26　总锌控制水平对比

序号	标准名称	总锌(mg/L)	
	本标准	化学合成类制药工业	0.5
		陶瓷、铅冶炼、乳胶制品	1.0
		其他	0.5
1	《制革及毛皮加工工业水污染物排放标准》(GB 30486—2013)	—	
2	《电池工业污染物排放标准》(GB 30484—2013)	1.5	
3	《合成氨工业水污染物排放标准》(GB 13458—2013)	—	
4	《柠檬酸工业水污染物排放标准》(GB 19430—2013)	—	
5	《锡、锑、汞工业水污染物排放标准》(GB 30770—2014)	1.0	
6	《再生铜、铝、铅、锌工业污染物排放标准》(GB 31574—2015)	1.0	
7	《无机化学工业污染物排放标准》(GB 31573—2015)	1.0	
8	《石油炼制工业污染物排放标准》(GB 31570—2015)	—	
9	《石油化学工业污染物排放标准》(GB 31571—2015)	2.0	
10	《化工行业水污染物间接排放标准》(DB 41/1135—2016)	5.0(间排)	
11	《合成氨工业水污染物排放标准》(DB 41/538—2017)	—	

4.2.2.16 总汞控制水平对比

本标准总汞排放限值为 0.5 mg/L,与《电池工业污染物排放标准》(GB 30484—2013)、《锡、锑、汞工业水污染物排放标准》(GB 30770—2014)及《再生铜、铝、铅、锌工业污染物排放标准》(GB 31574—2015)限值相比宽松,与其他后颁布的行业标准、地方标准持平或加严,见表 6-27。

表 6-27 总汞控制水平对比

序号	标准名称	总汞(mg/L)	
	本标准	油墨工业	0.002
		烧碱、聚氯乙烯工业	0.005
		电镀	0.01
		其他	0.03
1	《制革及毛皮加工工业水污染物排放标准》(GB 30486—2013)	—	
2	《电池工业污染物排放标准》(GB 30484—2013)	0.005(严)	
3	《合成氨工业水污染物排放标准》(GB 13458—2013)		
4	《柠檬酸工业水污染物排放标准》(GB 19430—2013)		
5	《锡、锑、汞工业水污染物排放标准》(GB 30770—2014)	0.005(严)	
6	《再生铜、铝、铅、锌工业污染物排放标准》(GB 31574—2015)	0.01(严)	
7	《无机化学工业污染物排放标准》(GB 31573—2015)	0.005	
8	《石油炼制工业污染物排放标准》(GB 31570—2015)	0.05	
9	《石油化学工业污染物排放标准》(GB 31571—2015)	0.05	
10	《化工行业水污染物间接排放标准》(DB 41/1135—2016)	0.02(间排)	
11	《合成氨工业水污染物排放标准》(DB 41/538—2017)	—	

4.2.2.17 总镉控制水平对比

本标准总镉排放限值为 0.03 mg/L,与《电池工业污染物排放标准》(GB 30484—2013)、《锡、锑、汞工业水污染物排放标准》(GB 30770—2014)及《再生铜、铝、铅、锌工业污染物排放标准》(GB 31574—2015)限值相比宽松,与其他后颁布的行业标准、地方标准持平或加严,见表 6-28。

表 6-28 总镉控制水平对比

序号	标准名称	总镉(mg/L)
	本标准	0.03
1	《制革及毛皮加工工业水污染物排放标准》(GB 30486—2013)	—
2	《电池工业污染物排放标准》(GB 30484—2013)	0.02(严)
3	《合成氨工业水污染物排放标准》(GB 13458—2013)	—
4	《柠檬酸工业水污染物排放标准》(GB 19430—2013)	—
5	《锡、锑、汞工业水污染物排放标准》(GB 30770—2014)	0.02(严)

序号	标准名称	总镉(mg/L)
6	《再生铜、铝、铅、锌工业污染物排放标准》(GB 31574—2015)	0.01(严)
7	《无机化学工业污染物排放标准》(GB 31573—2015)	0.05
8	《石油炼制工业污染物排放标准》(GB 31570—2015)	—
9	《石油化学工业污染物排放标准》(GB 31571—2015)	0.1
10	《化工行业水污染物间接排放标准》(DB 41/1135—2016)	0.05(间排)
11	《合成氨工业水污染物排放标准》(DB 41/538—2017)	

4.2.2.18 总铬控制水平对比

本标准总铬排放限值为 1 mg/L,与《再生铜、铝、铅、锌工业污染物排放标准》(GB 31574—2015)及《无机化学工业污染物排放标准》(GB 31573—2015)限值相比宽松,与其他后颁布的行业标准、地方标准持平或加严,见表 6-29。

表 6-29 总铬控制水平对比

序号	标准名称	总铬(mg/L)	
		陶瓷工业	0.1
	本标准	油墨工业	0.5
		其他	1.0
1	《制革及毛皮加工工业水污染物排放标准》(GB 30486—2013)	1.5	
2	《电池工业污染物排放标准》(GB 30484—2013)	—	
3	《合成氨工业水污染物排放标准》(GB 13458—2013)	—	
4	《柠檬酸工业水污染物排放标准》(GB 19430—2013)	—	
5	《锡、锑、汞工业水污染物排放标准》(GB 30770—2014)	—	
6	《再生铜、铝、铅、锌工业污染物排放标准》(GB 31574—2015)	0.5(严)	
7	《无机化学工业污染物排放标准》(GB 31573—2015)	0.5(严)	
8	《石油炼制工业污染物排放标准》(GB 31570—2015)	—	
9	《石油化学工业污染物排放标准》(GB 31571—2015)	1.5	
10	《化工行业水污染物间接排放标准》(DB 41/1135—2016)	1.0(间排)	
11	《合成氨工业水污染物排放标准》(DB 41/538—2017)	—	

4.2.2.19 六价铬控制水平对比

本标准六价铬排放限值为 0.1 mg/L,与后颁布的行业标准、地方标准相比,均持平或加严,见表 6-30。

表 6-30　六价铬控制水平对比

序号	标准名称	六价铬（mg/L）	
	本标准	纺织染整	不得检出
		其他	0.1
1	《制革及毛皮加工工业水污染物排放标准》（GB 30486—2013）	0.1	
2	《电池工业污染物排放标准》（GB 30484—2013）	—	
3	《合成氨工业水污染物排放标准》（GB 13458—2013）	—	
4	《柠檬酸工业水污染物排放标准》（GB 19430—2013）	—	
5	《锡、锑、汞工业水污染物排放标准》（GB 30770—2014）	0.2	
6	《再生铜、铝、铅、锌工业污染物排放标准》（GB 31574—2015）		
7	《无机化学工业污染物排放标准》（GB 31573—2015）	0.1	
8	《石油炼制工业污染物排放标准》（GB 31570—2015）		
9	《石油化学工业污染物排放标准》（GB 31571—2015）	0.5	
10	《化工行业水污染物间接排放标准》（DB 41/1135—2016）	0.2（间排）	
11	《合成氨工业水污染物排放标准》（DB 41/538—2017）	—	

4.2.2.20　总砷控制水平对比

本标准总砷排放限值为 0.2 mg/L，与《锡、锑、汞工业水污染物排放标准》（GB 30770—2014）及《再生铜、铝、铅、锌工业污染物排放标准》（GB 31574—2015）限值相比宽松，与其他后颁布的行业标准、地方标准持平或加严，见表 6-31。

表 6-31　总砷控制水平对比

序号	标准名称	总砷（mg/L）
	本标准	0.2
1	《制革及毛皮加工工业水污染物排放标准》（GB 30486—2013）	—
2	《电池工业污染物排放标准》（GB 30484—2013）	—
3	《合成氨工业水污染物排放标准》（GB 13458—2013）	—
4	《柠檬酸工业水污染物排放标准》（GB 19430—2013）	—
5	《锡、锑、汞工业水污染物排放标准》（GB 30770—2014）	0.1（严）
6	《再生铜、铝、铅、锌工业污染物排放标准》（GB 31574—2015）	0.1（严）
7	《无机化学工业污染物排放标准》（GB 31573—2015）	0.3
8	《石油炼制工业污染物排放标准》（GB 31570—2015）	0.5
9	《石油化学工业污染物排放标准》（GB 31571—2015）	0.5
10	《化工行业水污染物间接排放标准》（DB 41/1135—2016）	0.35（间排）
11	《合成氨工业水污染物排放标准》（DB 41/538—2017）	—

4.2.2.21 总铅控制水平对比

本标准总铅排放限值为 0.3 mg/L,与《锡、锑、汞工业水污染物排放标准》(GB 30770—2014)及《再生铜、铝、铅、锌工业污染物排放标准》(GB 31574—2015)限值相比宽松,与其他后颁布的行业标准、地方标准持平或加严,见表 6-32。

表 6-32 总铅控制水平对比

序号	标准名称	总铅(mg/L)	
	本标准	油墨工业	0.1
		电镀	0.2
		其他	0.3
1	《制革及毛皮加工工业水污染物排放标准》(GB 30486—2013)	—	
2	《电池工业污染物排放标准》(GB 30484—2013)	0.5	
3	《合成氨工业水污染物排放标准》(GB 13458—2013)	—	
4	《柠檬酸工业水污染物排放标准》(GB 19430—2013)	—	
5	《锡、锑、汞工业水污染物排放标准》(GB 30770—2014)	0.2(严)	
6	《再生铜、铝、铅、锌工业污染物排放标准》(GB 31574—2015)	0.2(严)	
7	《无机化学工业污染物排放标准》(GB 31573—2015)	0.5	
8	《石油炼制工业污染物排放标准》(GB 31570—2015)	1.0	
9	《石油化学工业污染物排放标准》(GB 31571—2015)	1.0	
10	《化工行业水污染物间接排放标准》(DB 41/1135—2016)	0.5(间排)	
11	《合成氨工业水污染物排放标准》(DB 41/538—2017)		

4.2.2.22 总镍控制水平对比

本标准总镍排放限值为 0.5 mg/L,与《再生铜、铝、铅、锌工业污染物排放标准》(GB 31574—2015)限值相比宽松,与其他后颁布的行业标准、地方标准持平或加严,见表 6-33。

表 6-33 总镍控制水平对比

序号	标准名称	总镍(mg/L)
	本标准	0.5
1	《制革及毛皮加工工业水污染物排放标准》(GB 30486—2013)	—
2	《电池工业污染物排放标准》(GB 30484—2013)	0.5
3	《合成氨工业水污染物排放标准》(GB 13458—2013)	—
4	《柠檬酸工业水污染物排放标准》(GB 19430—2013)	—
5	《锡、锑、汞工业水污染物排放标准》(GB 30770—2014)	—
6	《再生铜、铝、铅、锌工业污染物排放标准》(GB 31574—2015)	0.1(严)
7	《无机化学工业污染物排放标准》(GB 31573—2015)	0.5
8	《石油炼制工业污染物排放标准》(GB 31570—2015)	1.0
9	《石油化学工业污染物排放标准》(GB 31571—2015)	1.0
10	《化工行业水污染物间接排放标准》(DB 41/1135—2016)	0.5(间排)
11	《合成氨工业水污染物排放标准》(DB 41/538—2017)	—

4.2.3 主要行业新颁布标准基准排水量控制水平对比

4.2.3.1 与制革及毛皮加工业新标准基准排水量控制水平对比

对于制革及毛皮加工行业的基准排水量限值,本标准与国家 2013 年颁布的《制革及毛皮加工工业水污染物排放标准》(GB 30486—2013)完全一致。本标准与制革及毛皮加工业新标准基本排水量限值对比见表 6-34。

表 6-34 本标准与制革及毛皮加工业新标准基准排水量限值对比

序号	标准名称	行业类别	单位产品基准排水量
1	本标准	制革工业	55 m^3/t(原料皮)
		毛皮加工工业	70 m^3/t(原料皮)
2	《制革及毛皮加工工业水污染物排放标准》(GB 30486—2013)	制革企业	55 m^3/t(原料皮)
		毛皮加工企业	70 m^3/t(原料皮)

4.2.3.2 与化工行业新颁布标准基准排水量控制水平对比

对于化工行业新颁布标准基准排水量限值,本标准与国家 2013 年颁布的《合成氨工业水污染物排放标准》(GB 13458—2013)、河南省 2015 年颁布的《合成氨工业水污染物排放标准》(DB 41/538—2017)完全一致。本标准与化工行业新标准基准排水量限值对比见表 6-35。

表 6-35 本标准与化工行业新标准基准排水量限值对比

序号	标准名称	行业类别			单位产品基准排水量
1	本标准	合成氨工业			10 m^3/t(氨)
		烧碱、聚氯乙烯工业	烧碱企业(离子交换膜电解法)		1.5 m^3/t
			聚氯乙烯企业(电石法)	电石废水	5 m^3/t
				聚氯乙烯废水	4 m^3/t
2	《合成氨工业水污染物排放标准》(GB 13458—2013)	合成氨工业			10 m^3/t(氨)
3	《合成氨工业水污染物排放标准》(DB 41/538—2017)	合成氨工业			10 m^3/t(氨)

4.2.3.3 与食品及农副产品加工业新颁布标准基准排水量控制水平对比

对于食品及农副产品加工业基准排水量限值,本标准比国家 2013 年颁布的《柠檬酸工业水污染物排放标准》(GB 19430—2013)加严。本标准与食品及农副产品加工业新标准基准排水量限值对比见表 6-36。

表 6-36　本标准与食品及农副产品加工业新标准基准排水量限值对比

序号	标准名称	行业类别		单位产品基准排水量
1	本标准	发酵酒精和白酒工业	发酵酒精企业	30 m^3/t
			白酒企业	20 m^3/t
		啤酒工业	啤酒企业	5.0 m^3/t
			麦芽企业	4.0 m^3/t
		淀粉企业(以玉米、小麦为原料)		3.0 m^3/t
		肉类加工企业	畜类屠宰加工	6.5 m^3/t(活屠重)
			肉制品加工	5.8 m^3/t(原料重)
			禽类屠宰加工	18 m^3/t(活屠重)
		果汁饮料制造企业		20 m^3/t
2	《柠檬酸工业水污染物排放标准》(GB 19430—2013)	柠檬酸工业		30 m^3/t

4.3　与其他地区地方标准的对比

4.3.1　重点污染物控制水平对比

流域标准化学需氧量、氨氮、总磷、总氮与山东省海河流域、小清河流域,陕西省黄河流域,安徽省巢湖流域等限值持平,河北省大清河流域、子牙河流域及天津等重点控制区限值相比宽松。本标准化学需氧量排放限值为 50 mg/L,氨氮排放限值为 5(8) mg/L,总磷排放限值为 0.5 mg/L,总氮排放限值为 15 mg/L,与《山东省海河流域水污染物综合排放标准》(DB 37/3416.4—2018)(一级)、《山东省小清河流域水污染物综合排放标准》(DB 37/3416.3—2018)(一级)、《陕西省黄河流域水污染物综合排放标准》(DB 61/224—2018)(B 标准)、《安徽省巢湖流域城镇污水处理厂和工业行业主要水污染物排放标准限值》(DB 34/2710—2016)限值持平。而与《天津市污水综合排放标准》(DB 12/356—2018)(一级)、《河北省大清河流域水污染物排放标准》(DB 13/2795—2018)(重点控制区)、《河北省子牙河流域水污染物排放标准》(DB 13/2796—2018)(重点控制区)相比,限值宽松,见表 6-37。

表6-37 化学需氧量、氨氮、总氮、总磷控制水平对比

序号	标准名称	化学需氧量（mg/L）	氨氮（mg/L）	总氮（mg/L）	总磷（mg/L）
	本标准	50	5(8)	15	0.5
1	《山东省海河流域水污染物综合排放标准》（DB 37/3416.4—2018），一级	50	5	15	0.5
2	《山东省小清河流域水污染物综合排放标准》（DB 37/3416.3—2018），一级	50	5	15	0.5
3	《天津市污水综合排放标准》（DB 12/356—2018），一级	30	1.5(3.0)	10	0.3
4	《陕西省黄河流域水污染物综合排放标准》（DB 61/224—2018），B标准	50	5(8)	15	0.5
5	《河北省大清河流域水污染物排放标准》（DB 13/2795—2018），重点控制区	30	1.5(2.5)	15	0.3
6	《河北省子牙河流域水污染物排放标准》（DB 13/2796—2018），重点控制区	40	2.0(3.5)	15	0.4
7	《安徽省巢湖流域城镇污水处理厂和工业行业主要水污染物排放标准限值》（DB 34/2710—2016）	50	5.0	15	0.5

4.3.2 第一类污染物控制水平对比

本标准第一类污染物限值严于其他地区地方标准的低级限值，但较其高级限值宽松，见表6-38。

4.3.3 标准设置体系对比

与山东、天津、陕西、河北等流域标准相比，本标准未依据流域水污染特点及保护要求、排入水体类别或者污水类别进行分级设置，流域精细管理有待进一步提高，见表6-39。

在标准结构设置上，本标准在制定水污染物排放限制的同时，还制定了重点高耗水行业单位产品基准排水量。其他地方标准在结构设置上，除《安徽省巢湖流域城镇污水处理厂和工业行业主要水污染物排放标准限值》（GB 341/2710—2016）外均没有行业基准排水量限值设置，但都依据流域水污染特点及保护要求、排入水体类别或者污水类别进行了分级设置，使标准更具针对性和适用性，杜绝了"一刀切"的弊端。

表 6-38　第一类污染物控制水平对比　　　　　　　　　　　　　　（单位：mg/L）

序号	标准名称	总汞	总铬	六价铬	总镉	总砷	总铅	总镍
	本标准	0.03	1.0	0.1	0.03	0.2	0.3	0.5
1	《山东省海河流域水污染物综合排放标准》（DB 37/3416.4—2018），一级	0.005	0.5	0.2	0.05	0.1	0.2	0.5
2	《山东省小清河流域水污染物综合排放标准》（DB 37/3416.3—2018），一级	0.005	0.5	0.2	0.05	0.2	0.5	1
3	《天津市污水综合排放标准》（DB 12/356—2018），一级	0.001	1.5	0.05	0.005	0.1	0.05	1.0
4	《陕西省黄河流域水污染物综合排放标准》（DB 61/224—2018），B 标准	0.001	0.1	0.05	0.01	0.1	0.1	—

表 6-39　标准设置体系对比　　　　　　　　　　　　　　（单位：mg/L）

序号	标准名称	污染物项目	行业基准排水量	分级设置
	本标准	27	主要行业	无
1	《山东省海河流域水污染物综合排放标准》（DB 37/3416.4—2018），一级	33	无	排入Ⅲ类水域（保护区）执行一级，排入Ⅳ类及以下水域执行二级
2	《山东省小清河流域水污染物综合排放标准》（DB 37/3416.3—2018），一级	33	无	分重点保护区域和一般保护区域
3	《天津市污水综合排放标准》（DB 12/356—2018），一级	75	无	排入Ⅳ类及以上水域执行一级，排入Ⅴ类水域执行二级，排入公共污水处理系统执行三级
4	《陕西省黄河流域水污染物综合排放标准》（DB 61/224—2018），B 标准	23	无	城镇污水处理厂分 A 级和 B 级，其他污水处理厂不分级
5	《河北省大清河流域水污染物排放标准》（DB 13/2795—2018），重点控制区	5	无	分核心控制区、重点控制区、一般控制区
6	《河北省子牙河流域水污染物排放标准》（DB 13/2796—2018），重点控制区	5	无	分重点控制区和一般控制区
7	《安徽省巢湖流域城镇污水处理厂和工业行业主要水污染物排放标准限值》（DB 34/2710—2016）	4	9 大行业	分城镇污水处理厂、9 大工业行业和其他排污单位

5 流域标准实施效果评估

5.1 流域主要断面达标情况

5.1.1 流域断面水质达标情况

蟒沁河流域排放标准实施以前(2011年),除沁河济源段达到水环境功能区划目标,其他水域均不能达到水环境功能区划目标,蟒河全段水质为劣V类,沁河武陟段、沁阳段为V类,济河为V类(见表6-40)。流域的超标因子主要有化学需氧量、氨氮、五日生化需氧量、总氮、总磷、溶解氧、高锰酸盐指数、氟化物、阴离子表面活性剂等9个因子。其中,蟒河温县氾水滩断面的超标因子有化学需氧量、氨氮、溶解氧、高锰酸盐指数、生化需氧量、总磷、氟化物、阴离子表面活性剂,超标率分别为83.3%、66.7%、8.3%、50%、100%、83.3%、25%和91.7%。武陟渠首断面的超标因子有化学需氧量、氨氮、五日生化需氧量、总磷、高锰酸盐指数和阴离子表面活性剂,超标率分别为16.7%、50%、58.3%、16.7%、25%和50%。

表 6-40 标准实施前后流域出入境断面水质变化 (单位:mg/L)

断面	2012年				2017年			
	氨氮	化学需氧量	总氮	总磷	氨氮	化学需氧量	总氮	总磷
济源曲阳湖	7.14	24.5	14.6	0.43	0.016	3.5	6.28	0.03
温县氾水滩	2.73	36.8	9.1	0.3	2.0	30.0	8.25	0.64
出入境变化	-4.41	12.3	-5.5	-0.123	1.984	26.542	1.97	0.614
济源五龙口	0.213	5.0	4.58	0.05	0.0966	6.1	3.8	0.07
武陟渠首	1.15	22.9	5.5	0.11	0.25	15	4.75	0.15
出入境变化	0.937	17.9	0.92	0.056	0.1534	8.875	0.95	0.08

截至2017年,蟒沁河流域水环境质量都有了较大改善,其中沁河断面水质全部由2011年的V类改善到稳定在Ⅲ类,蟒河断面水质虽有所好转,但整体水质状况依然不容乐观,蟒河济源南官庄为劣V类水质、温县氾水滩V类水质,仍然不能满足水环境功能区划目标。标准实施以后,沁河水质逐年好转,到2016年所有监测断面已全部达到水环境功能区划目标,断面水质类别稳定在Ⅲ类;蟒河水质虽有所好转,但整体水质状况依然不容乐观,从各监测断面来看,蟒河济源曲阳湖断面水质从2014年开始达到水环境功能区划目标,断面水质类别为Ⅲ类以上;而蟒河济源南官庄、温县氾水滩仍然不能满足水环境功能区划目标,蟒河济源南官庄断面水质类别仍然为劣V类水质,温县氾水滩断面水质类别为V类水质。蟒河济源南官庄主要超标因子为总氮、总磷、化学需氧量、氨氮,蟒河温县氾水滩主要超标因子为总氮和总磷(见表6-41)。

根据2017年蟒河和沁河沿程断面水质情况,蟒河温县氾水滩断面化学需氧量、氨氮年均浓度较蟒河济源曲阳湖断面分别上升26.542 mg/L、1.984 mg/L,沁河武陟渠首断面

表 6-41 标准实施前后蟒沁河流域监测断面水质变化情况

断面	目标	2011 年	2013 年	2014 年	2015 年	2016 年	2017 年
沁河济源五龙口断面	IV类	II类	II类	II类	II类	II类	II类
沁河沁阳伏背	IV类	IV类 轻度污染	IV类 轻度污染	IV类 轻度污染	IV类 轻度污染	I～III类	I～III类
沁河温县西王贺	IV类	V类 中度污染	V类 中度污染	V类 中度污染	V类 中度污染	I～III类	I～III类
沁河武陟陟滩首	IV类	V类 中度污染	V类 中度污染	IV类 轻度污染	IV类 轻度污染	I～III类	I～III类
济河沁阳西住作	IV类	V类 中度污染	V类 中度污染	IV类 轻度污染	IV类 轻度污染	IV类 轻度污染	IV类 轻度污染
蟒河济源曲阳湖	III类	劣V类 重度污染	劣V类 重度污染	II类	II类	II类	II类
蟒河济源南官庄	III类	劣V类 重度污染	劣V类 重度污染	劣V类 重度污染	劣V类 重度污染	劣V类 重度污染	劣V类 重度污染
蟒河孟州白墙水库	V类	劣V类 重度污染	劣V类 重度污染	劣V类 重度污染	劣V类 重度污染	V类 中度污染	V类 中度污染
蟒河温县泛水滩	V类	劣V类 重度污染	劣V类 重度污染	劣V类 重度污染	劣V类 重度污染	V类 中度污染	V类 中度污染
主要污染因子		氨氮、总氮、总磷、生化需氧量、化学需氧量等	氨氮、总氮、总磷、生化需氧量、化学需氧量等	氨氮、总氮、总磷、生化需氧量、化学需氧量等	氨氮、总氮、总磷、化学需氧量、生化需氧量等	氨氮、总氮、总磷和化学需氧量等	氨氮、总氮、总磷和化学需氧量等

化学需氧量、氨氮年均浓度较沁河五龙口断面分别上升 8.875 mg/L、0.153 4 mg/L。与 2012 年蟒河和沁河沿程断面水质情况相比,沁河沿程断面水质浓度变化幅度大幅减小,化学需氧量、氨氮年均浓度变化分别由 2012 年的 17.9 mg/L 和 0.937 mg/L 下降到 2017 年的 8.875 mg/L、0.153 4 mg/L;而蟒河沿程断面水质浓度变化幅度进一步扩大,化学需氧量、氨氮年均浓度变化分别由 2011 年上升 12.3 mg/L、-4.41 mg/L 提高到 2017 年上升 26.542 mg/L、1.984 mg/L。

5.1.2 原因分析

(1)河流特点导致沁河与蟒河水质差异较大。

根据调查,蟒河属季节性河流,其汛期河水暴涨,枯水期流量很小,河流径流量枯水期约为 1 m³/s,丰水期约为 3 m³/s,每年 11 月至次年 4 月常发生断流现象,水体自净能力较弱,且流域排污量以排入蟒河为主,接纳废水、化学需氧量、氨氮量分别约占流域总量的七成以上。而沁河常年有水,接纳排污量较少,水体自净能力较强。因此,尽管污水处理设施处理能力快速增加、污染物管理不断严格等相关环境管理措施作用下,沁河水质逐年改善,而蟒河水质依然不容乐观。

(2)主导行业变化。

标准实施以前(2011 年)流域内主导行业有食品及农副产品加工业、造纸行业、制革及毛皮加工行业和化工行业。食品及农副产品加工业主要包括屠宰及肉类加工、酒精制造、软饮料制造、淀粉及淀粉制品的制造等企业。食品及农副产品加工业废水属于有机废水,一般可生化性较好。造纸企业主要为废纸制浆造纸和外购商品浆造纸,仅有一家利用麦草制浆配以商品浆生产文化纸企业。制革及毛皮加工行业的污染物主要来自两个方面:其一是加工过程中产生的废水,其二是生产过程中使用的大量化工原料,这些原料有各种助剂、鞣剂及加脂剂、涂饰剂等,废水中含有较高的有机物、氨氮、金属铬和硫化物等。化工行业主要包括氯碱、化肥、冶炼、动物胶、糠醛、碳酸钙、颜料等产品生产企业;氯碱和化肥行业化学需氧量和氨氮排放量较大,冶炼行业重金属排放量较大,其他行业废水产生量相对较小,污染物排放量较低。

标准实施以后(2017 年),蟒沁河流域主导行业依然以食品及农副产品加工业、造纸行业、制革及毛皮加工行业和化工行业四大主导行业为主,但企业数量、生产原料、污水处理方式等都发生了较大变化。一是企业数量减少明显,四大主导行业企业数量特别是高污染的造纸行业和制革及毛皮加工行业企业降幅较大;二是生产原料变化,多采用污染较小的原料进行生产;三是行业产业链条进一步延伸,如化工行业向高端精细化工迈进,专项化学品制造、环保材料制造等精细化工企业数量增加;四是企业更加重视污水处理,直排企业数量明显减小,六成以上企业通过园区污水处理厂集中处理,已经形成废水由无序排放向集中收集治理后排放转变。

(3)污染物排放总量变化。

蟒沁河流域排放标准实施以来,污染物总量排放情况根据统计,焦作工业源废水排放量从 2011 年的 66.54% 减少到 2017 年的 37.77%,城镇生活源废水排放量从 2011 年的 33.46% 增加到 2017 年的 62.20%。济源工业源废水排放量从 2011 年的 39.5% 逐步减少到 2017 年的 24.3%,城镇生活源废水排放量从 2011 年的 60.5% 增加到 2017 年的 75.7%。

焦作市化学需氧量的工业源排放量占比从 2011 年的 59.1%降到 2017 年的 25.8%；城镇生活源排放量占比从 2011 年的 16.5%增加到 2017 年的 74.2%,逐渐占据主导地位。济源市化学需氧量的工业源排放量占比从 2011 年的 16.4%降到 2017 年的 14.8%;城镇生活源排放量占比从 2011 年的 18.1%增加到 2017 年的 85.3%,逐渐占据主导地位。

焦作市氨氮的工业源排放量和城镇生活源排放量占比分别从 2011 年的 37.52%和 62.48%变为 2017 年的 10.92%和 89.06%。济源市氨氮的工业源排放量占比六年来变化幅度不大,从 2011 年的 3.9%到 2017 年的 3.0%;城镇生活源排放量占比从 2011 年的 18.0%到 2017 年的 97.0%,逐渐占据主导地位。

济源市总氮和总磷从 2015 年到 2017 年总氮的工业源排放量占比分别为 1.3%、9.1%、3.5%,城镇生活源排放量占比分别为 14.5%、90.6%、96.5%;总磷的工业源排放量占比分别为 0、59.2%、4.2%,城镇生活源排放量占比分别为 0.6%、36.8%、95.8%。可见从 2016 年开始化学需氧量、氨氮、总氮和总磷的城镇生活源排放量占比逐年增加,变为主导地位,要进一步降低河流化学需氧量、氨氮、总氮、总磷负荷,需要降低城镇生活源废水的这些指标含量。

5.2 流域排污单位达标情况评估

5.2.1 食品及农副产品加工业排水去向及达标情况

根据《蟒沁河流域水污染物排放标准》要求,结合济源市和焦作市蟒沁河流域重点源在线监控数据对流域内相关企业的主要污染因子排放情况进行评估。流域内食品及农副产品加工业主要包括屠宰及肉类加工、酒精制造、软饮料制造、淀粉及淀粉制品的制造等企业。

经过技术改造和重新整合,蟒沁河流域现有食品及农副产品加工企业 23 家。这些企业中 10 家企业废水经处理后排入污水处理厂再进行二次处理,其余 13 家企业废水经处理后达到标准规定的浓度要求排放。从废水处理量上来看,济源市和焦作市蟒沁河流域食品及农副产品加工业企业废水入污水处理厂处理量的占比分别为 92.9%和 22.6%;其中武陟全部处理后直排,孟州和温县排入污水处理厂废水占比分别为 30.7%和 96.8%。经过污水处理设施的升级改造以后,流域涉水工业化学需氧量、氨氮、总氮、总磷和石油类的去除率分别达到 99.5%、90.2%、95.5%、97.0%和 87.9%;企业废水排放监控数据显示,所有在线监控企业废水经处理后的污染物排放指标都符合《蟒沁河流域水污染物排放标准》要求。化学需氧量排放量比 2011 年减少 827.66 t,氨氮排放量比 2011 年减少 68.49 t,总氮、总磷等其他指标相应减少。化学需氧量、氨氮、总磷、总氮、石油类排放量占流域工业企业总排放量的比例分别为 28.61%、31.99%、20.01%、71.03%和 0.01%,见表 6-42~表 6-44。

蟒沁河流域发酵酒精企业排水量为 19.0 m^3/t,低于标准限值 30 m^3/t;白酒工业企业排水量为 9.0~11.9 m^3/t,低于标准限值 20 m^3/t;淀粉工业(以玉米、小麦为原料)企业排水量为 0.01~2.28 m^3/t,低于标准限值 3.0 m^3/t;畜类屠宰加工企业排水量为 0.56~4.89 m^3/t,低于标准限值的 6.5 m^3/t;肉制品加工企业排水量为 4.89 m^3/t,低于标准限值的 5.8 m^3/t;禽类屠宰加工企业排水量为 1.92~4.16 m^3/t,低于标准限值的 18.0 m^3/t;果汁饮料制造企业排水量为 0.26~14.08 m^3/t,低于标准限值的 20 m^3/t。

表6-42　蟒沁河流域重点行业主要污染物排放量汇总（2017年，济源）

行业	工业废水(t)	其中:排入环境(t)①	人污水处理厂(t)②	化学需氧量(t)	氨氮(t)	总氮(t)	总磷(t)	石油类(t)	挥发酚(kg)	氰化物(kg)	砷(kg)	铅(kg)	镉(kg)	汞(kg)	总铬(kg)	六价铬(kg)
食品	1 869 606.7	133 345.7	1 736 261	61.90	3.36	12.67	1.96	0.001 6	0	0	0	0	0	0	0	0
占比(%)	21.2	7.1	92.9	24.36	22.65	35.97	73.52	0.030								
造纸	46 831.4	0	46 831.4	1.196 8	0.053 6	0.592										
占比(%)	0.53	0	100	0.47	0.36	1.68										
制革及毛皮加工	99 000	99 000	0	12.6	0.9	4.68	0	0.054	0	0	0	0	0	0	36	0
占比(%)	1.12	100	0	5.0	6.1	13.3	0	1.00							99.2	
化工	1 703 646.76	1 668 555.84	35 090.92	57.99	3.64	3.70	0	0.156 4	0	0	0	0	0	0.46	0	0
占比(%)	19.30	97.9	2.1	22.61	24.17	10.37	0	2.87						7.88		
铅锌冶炼	1 976 289.8	1 395 989.8	580 300	49.51	2.52	9.19	0.159 6	0	0	0	16.44	82.19	4.962	5.37	0	0
占比(%)	22.4	70.6	29.4	19.49	16.95	26.09	5.99	0			100	96.12	100	92.1		
制造业	3 077 123.5	1 090 138.8	1 986 984.6	70.45	4.39	4.40	0.55	5.18	0	0.26	0	3.318	0	0	0.28	0.28
占比(%)	34.95	35.4	64.6	27.73	29.60	12.49	20.49	96.10		100		3.88			0.77	100
发电	37 058.1	37 058.1	0	0.974 2	0.029 9	0.037 9	0	0	0	0	0	0	0	0	0	0
占比(%)	0.42	100	0	0.38	0.20	0.11		0								
合计	8 805 202.1	4 419 734.2	4 385 467.9	254.09	14.84	35.21	2.67	5.392 3	0	0.26	16.44	85.51	4.962	5.826	36.28	0.28
占比(%)		50.2	49.8													

注:①占比指该行业经企业自行处理并达到流域排放标准后直接排入环境的废水占该行业工业废水排放量的百分数。

②占比指该行业排入污水处理厂的废水占该行业工业废水排放量的百分数。

其他占比指该行业废水中各项指标排放量占流域总排放量的百分数。

表6-43 蟒沁河流域重点行业主要污染物排放量汇总（2017年，焦作）

行业	工业废水(t)	其中：排入环境①(t)	入污水处理厂②(t)	化学需氧量(t)	氨氮(t)	总氮(t)	总磷(t)	石油类(t)	挥发酚(kg)	氰化物(kg)	砷(kg)	铅(kg)	镉(kg)	汞(kg)	总铬(kg)	六价铬(kg)
食品	7 633 352.0	5 908 048.5	1 725 303.5	293.1	23.210 7	51.25	3.164 7									
占比(%)	27.29	77.4	22.6	29.70	34.03	17.94	69.56									
造纸	2 474 288.3	2 317 623.2	156 665.1	92.889 3	3.517 9	5.691 7										
占比(%)	8.85	93.7	6.3	9.41	5.16	1.99										
制革及毛皮加工	9 309 718	1 019 286	8 290 432	397.4	27.811 9	167.95	0.135	5.0							326.2	11.197
占比(%)	33.28	10.9	89.1	40.27	40.77	58.80		71.18							100	100
化工	8 186 404.968	6 360.00	8 180 044.97	189.31	13.33	59.64	1.246 7	2.0	43.0	0	0	0	0	1.147		
占比(%)	29.27	0.1	99.9	19.19	19.54	20.88	27.4	28.82	100					100		
铅锌冶炼	301 470.5	71 070.5	230 400.0	12.9	0.186 2	0.74	0.000 5					10.7				
占比(%)	1.1	20.9	79.1	1.31	0.27	0.26						100				
制造业	65 049.376	5 340	59 709.376	1.11	0.158 2	0.38	0.002 8									
占比(%)	0.23	8.2	91.8	0.114	0.235	0.134	0.062									
合计	27 970 283.169 0	9 327 728.303 0	18 642 554.866 0	986.698 1	68.214 9	285.652 3	4.549 4	7.0	43.0	0	0	10.7	0	1.147	326.2	11.197

注：①占比指该行业经企业自行处理达到流域排放标准后直接排入环境的废水占该行业工业废水排放量的百分数。
②占比指该行业排入污水处理厂的废水占该行业工业废水排放量的百分数。
其他占比指该行业废水中各项指标排放量占流域总排放量的百分数。

表 6-44　蟒沁河流域重点行业污水排放去向占比汇总［2017 年,焦作四县(市)］

行业	区域	工业废水排放量 (t)	直接排入环境 (t)	占比 (%)	排入污水处理厂 (t)	占比 (%)
食品行业	武陟	2 078 713	2 078 713	100	0	0
	沁阳					
	孟州	5 525 039	3 828 375	69.3	1 696 664	30.7
	温县	29 600	960	3.2	28 640	96.8
造纸行业	武陟	293 040	293 040	100	0	0
	沁阳	1 905 502	1 775 949	93.2	129 552.3	6.8
	孟州	248 634	248 634	100		
	温县	27 112.3	0	0	27 112.3	100
皮革行业	武陟	0				
	沁阳	673 609.4	248 367.4	36.9	425 241.9	63.1
	孟州	8 492 930	630 539.6	7.4	7 862 390.3	92.6
	温县	143 178.8	140 379	98.0	2 799.8	2.0
化工行业	武陟					
	沁阳	8 158 742	0	0	8 158 742	100
	孟州	1 500	0	0	1 500	100
	温县	26 163	6 360	24.3	19 803	75.7
其他		366 519.9	76 410.5	20.8	290 109.4	79.2
合计		27 970 283	9 327 728	33.3	18 642 555	66.7

5.2.2　造纸行业排水去向及达标情况评估

　　根据《蟒沁河流域水污染物排放标准》要求,结合济源市和焦作市蟒沁河流域重点源在线监控数据对流域内造纸企业的 COD 和氨氮排放情况进行评估。

　　经过技术改造和重新整合,蟒沁河流域现有造纸企业 10 家。这些企业中 4 家企业废水经处理后排入污水处理厂再进行二次处理,其余 6 家企业废水经处理后达到标准规定的浓度要求后直接排放。从废水处理量上来看,济源市和焦作市蟒沁河流域造纸行业企业废水量入污水处理厂处理量的占比分别为 100% 和 6.3%。其中武陟和孟州造纸行业工业废水经过处理以后全部直排,没有进入污水处理厂;沁阳造纸行业 93.2% 的废水经过处理后直接排放,排入污水处理厂废水占比为 6.8%。经过污水处理设施的升级改造以后,流域涉水工业化学需氧量、氨氮、总氮的去除率分别达到 95.5%、91.3%、89.7%;企业废水排放监控数据显示,所有在线监控企业废水经处理后的污染物排放指标都符合《蟒沁河流域水污染物排放标准》要求。化学需氧量排放量比 2011 年减少 4 826.74 t,氨氮排放量比 2011 年减少 209.84 t,总氮相应减少。化学需氧量、氨氮、总氮排放量占流域工业企业总排放量的比例分别为7.81%、4.30%、1.55%。

蟒沁河流域制浆企业排水量为36.45 m³/t,低于标准限值40 m³/t;制浆和造纸联合生产企业排水量为10.71～15.09 m³/t,低于标准限值30 m³/t;造纸企业排水量为0.47～9.19 m³/t,低于标准限值10 m³/t。

5.2.3 制革及毛皮加工行业排水去向及达标情况评估

根据《蟒沁河流域水污染物排放标准》要求,结合济源市和焦作市蟒沁河流域重点源在线监控数据对流域内造纸制革及毛皮加工企业的COD和氨氮排放情况进行评估。

经过技术改造和重新整合,蟒沁河流域现有制革及毛皮加工企业50家。这些企业中42家企业废水经处理后排入污水处理厂,其余8家企业排放废水达到标准规定的浓度要求后直接排放。从废水处理量来看,济源市和焦作市蟒沁河流域制革及毛皮加工业企业废水入污水处理厂处理的占比分别为0和89.1%。其中孟州制革及毛皮加工行业7.4%的工业废水经过处理以后全部直排,92.6%的废水进入污水处理厂;沁阳36.9%的废水经过处理后直接排放,排入污水处理厂废水占比为63.1%;温县98.0%的废水经过处理后直接排放,排入污水处理厂废水占比为2.0%。经过污水处理设施的升级改造以后,流域涉水工业化学需氧量、氨氮、总氮、总磷、石油类、总铬和六价铬的去除率分别达到95.9%、94.9%、85.8%、89.8%、98.5%、98.7%和98.0%;企业废水排放监控数据显示,所有在线监控企业废水经处理后的污染物排放指标都符合《蟒沁河流域水污染物排放标准》要求。化学需氧量排放量比2011年减少1 845.76 t,氨氮排放量比2011年减少291.4 t,总氮、总磷等其他指标相应减少。化学需氧量、氨氮、总氮、总磷和石油类排放量占流域工业企业总排放量的比例分别为33.04%、34.57%、54.04%、1.87%和40.74%,废水总铬和六价铬排放量占流域工业企业总排放量的比例分别为99.92%和97.56%。

5.2.4 化工行业排水去向及达标情况评估

根据《蟒沁河流域水污染物排放标准》要求,结合济源市和焦作市蟒沁河流域重点源在线监控数据对流域内化工原料、氯碱、化肥和农药等化工企业的COD和氨氮排放情况进行评估。

经过技术改造和重新整合,蟒沁河流域现有化工行业企业35家。这些企业中,22家企业废水经处理后排入污水处理厂再进行二次处理后排放,其余13家企业废水经处理后达到标准规定的浓度要求后直接排放。从废水处理量上来看,济源市和焦作市蟒沁河流域化工行业企业废水入污水处理厂处理的占比分别为2.1%和99.9%。其中,孟州和沁阳化工行业工业废水全部进入污水处理厂;温县24.3%的化工行业废水经过企业处理达标后直接排放,排入污水处理厂废水占比为75.7%。经过污水处理设施的升级改造以后,流域涉水工业化学需氧量、氨氮、总氮、总磷、石油类、挥发酚和汞的去除率分别达到99.1%、98.9%、97.9%、99.6%、99.5%、99.3%和99.5%;企业废水排放监控数据显示,所有在线监控企业废水经处理后的污染物排放指标都符合《蟒沁河流域水污染物排放标准》要求。化学需氧量排放量比2011年减少522.7 t,氨氮排放量比2011年减少94.7 t,总氮、总磷等其他指标相应减少。化学需氧量、氨氮、总氮、总磷和石油类排放量占流域总排放量的比例分别为19.93%、20.43%、19.8%、17.28%和17.56%,废水挥发酚和汞排放量占流域工业企业总排放量的比例分别为100%和23.03%。

蟒沁河流域合成氨工业企业排水量为 1.86 m³/t,低于标准限值 10 m³/t;烧碱企业(离子交换膜电解法)排水量为 1.39 m³/t,低于标准限值 1.5 m³/t;聚氯乙烯企业(电石法)排水量为 1.91 m³/t,低于标准限值 4.0 m³/t。

5.2.5 其他行业排水去向及达标情况评估

5.2.5.1 铅锌冶炼和蓄电池行业

根据《蟒沁河流域水污染物排放标准》要求,结合济源市和焦作市蟒沁河流域重点源在线监控数据对流域内铅锌冶炼和蓄电池企业的 COD 和氨氮排放情况进行评估。

流域内铅锌冶炼和蓄电池行业企业数量共 14 家,济源市和焦作市蟒沁河流域铅锌冶炼和蓄电池行业企业废水入污水处理厂处理的占比分别为 29.4% 和 79.1%。废水直排的企业,经过污水处理设施的升级改造以后,化学需氧量、氨氮、总氮、总磷、石油类、砷、铅、镉和汞的去除率分别达到 96.4%、96.3%、88.0%、94.0%、100%、99.99%、99.88%、99.99% 和 98.05%;企业废水排放监控数据显示,所有在线监控企业废水经处理后的污染物排放指标都符合《蟒沁河流域水污染物排放标准》要求。化学需氧量、氨氮、总氮、总磷和石油类排放量占流域总排放量的比例分别为 5.08%、3.29%、3.11%、2.22% 和 17.56%;废水砷、铅、镉和汞排放量占流域总排放量的比例分别为 100%、96.55%、100% 和 76.97%。

蟒沁河流域铅锌冶炼企业排水量为 0~1.14 m³/t,低于标准限值 2.5 m³/t;蓄电池行业企业排水量最高为 0.12 m³/t。

5.2.5.2 制造业及其他行业

根据《蟒沁河流域水污染物排放标准》要求,结合济源市和焦作市蟒沁河流域重点源在线监控数据对流域内制造业和其他行业企业的污染物排放情况进行评估。

流域内涉水制造业及其他行业企业数量较少,总共 22 家。济源市和焦作市蟒沁河流域制造业和其他行业企业废水入污水处理厂处理的占比分别为 63.8% 和 91.8%。废水直排的企业,经过污水处理设施的升级改造以后,化学需氧量、氨氮、总氮、总磷、石油类、氰化物、铅、总铬和六价铬的去除率分别达到 87.5%、82.9%、72.6%、94.5%、0.45%、98.2%、95.1%、97.96% 和 97.96%;企业废水排放监控数据显示,所有在线监控企业废水经处理后的污染物排放指标都符合《蟒沁河流域水污染物排放标准》要求。化学需氧量、氨氮、总氮、总磷和石油类排放量占流域总排放量的比例分别为 5.82%、5.54%、1.50%、7.61% 和 41.68%;废水氰化物、铅、总铬和六价铬排放量占流域总排放量的比例分别为 100%、3.45%、0.08% 和 2.44%。

5.2.6 污水处理厂行业达标情况评估

5.2.6.1 达标情况

蟒沁河流域现有污水处理厂 9 家。根据《蟒沁河流域水污染物排放标准》要求,公共污水处理系统排水按照 GB 18918—2002 中水污染物排放标准的一级标准的 A 标准及其他相关规定要求,采用重点源在线监测数据,对 9 家污水处理厂的 COD 和氨氮日均值及 2017 年、2018 年监督性监测数据结果分析显示,除孟州市政艺水务有限公司 2018 年 8~11 月化学需氧量超标,9 月氨氮和总磷超标外,温县中投水务有限公司污水分公司第二污水处理厂 2018 年 2 月氨氮超标外,温县中投水务有限公司污水分公司第一污水处理厂、沁阳的三家污水处理有限公司、济源的两家污水处理厂、中信环境水务（孟州）有限公司等 7 家污水处理厂的监测项目均未出现超标现象。

目前，蟒沁河流域 9 家污水处理厂升级改造工作已经陆续完成，可以达到一级 A 标准，设计处理废水能力达到 33.5 万 t/d，新增环保投资约 1.03 亿元，运行费用增加，从最少增加 0.06 元/t 到最多增加 1.1 元/t，平均增加费用为 0.5 元/t。收水面积增加 269 km²。

5.2.6.2　未达标原因分析

孟州市城市污水处理有限公司 2018 年 8~11 月化学需氧量超标，9 月氨氮和总磷超标，主要原因在于该污水处理厂处于新建调试期，该厂的 2019 年第一季度的在线监测数据显示，化学需氧量、氨氮和总磷均达到排放标准要求；温县中投水务有限公司污水分公司第二污水处理厂 2018 年 2 月氨氮超标，主要与进水氨氮负荷变大且浓度不稳定、曝气不足所致，导致出水氨氮超标。

5.3　流域典型企业排污数据实地检测分析

围绕流域造纸、化工、制革等重点行业直排企业，选取几家典型企业，实地采集水样检测，结合在线数据，对流域排污企业排污数据进行分析。污水处理厂在线监测数据表明，污水处理厂 COD、氨氮、总磷出水平均浓度分别在 23~33 mg/L、0.2~2.2 mg/L、0.06~0.4 mg/L，典型企业在线监测数据表明，企业出水 COD、氨氮、总磷出水平均浓度分别为 20~47 mg/L、0.9~3.2 mg/L、0.1~0.8 mg/L。污水处理厂出水总体上接近Ⅳ类水标准。从实地取样检测数据表明，某企业出水 COD、氨氮、总磷、总氮分别为 11 mg/L、0.117 mg/L、0.058 mg/L、5.11 mg/L，六价铬为 0.004 mg/L；某企业出水 COD、氨氮、总氮分别为 29.4 mg/L、2 mg/L、7.7 mg/L；某企业出水 COD、氨氮、总磷、总氮分别为 34 mg/L、3.25 mg/L、0.53 mg/L、8.53 mg/L，六价铬、硫化物、氰化物、总铬、总汞、石油类等未检出。总体来看，企业排污数据都远低于排放标准，且污水处理厂排水接近Ⅳ类水质。

5.4　流域标准适用性评估

标准编制时，依据满足总量控制需要、地表水考核需要、重点控制毒害性大因子、控制流域重点水污染物排放行业和规划重点行业、考虑污染物项目的监测能力等原则，结合控制重点水污染物排放行业和规划的重点发展产业，确定了 27 项污染控制因子，分别是总汞、总镉、总铬、六价铬、总砷、总铅、总镍、pH、色度、悬浮物、五日生化需氧量（BOD₅）、化学需氧量（COD）、石油类、动植物油、挥发酚、氰化物、硫化物、氨氮、氟化物、阴离子表面活性剂、总铜、总锌、总硒、粪大肠菌群数、总氮、总磷、氯乙烯。19 项为本标准污染控制因子；7 项（悬浮物、色度、总氮、动植物油、粪大肠菌群数、氯乙烯、总铬）为流域现有重点水污染物排放行业的特征污染因子；1 项（总镍）为流域规划重点发展产业（电子信息产业）的特征污染因子。

根据对济源市及焦作市工业基表分析，蟒沁河流域涉水工业企业主要行业依然是制革及毛皮加工业、食品及农副产品加工业、化工行业及造纸行业这四大行业，只是流域排污权重发生了变化，其他行业还有机械加工及电器通信设备制造业、电池制造业、塑料橡胶制品、烟草制品业、建材耐材、金属冶炼、中药制药、包装印刷、玻璃制品、石墨碳素制品、炼焦以及火电热电等。

根据对流域涉水工业企业水污染物排放分析,流域污染控制因子及特征污染因子没有变化。由此可见,本标准确定的污染控制因子具有很好的适用性。

5.5 流域标准达标技术经济性评估

5.5.1 排污企业达标技术评估

针对蟒沁河流域的典型行业,如食品、造纸、皮革、化工、冶炼、制造等行业,以及污水处理厂,分析其污染物达标排放所采取的主要治理技术和标准实施后所实施的提标改造技术等,分析技术的处理效果、稳定性、适用性、经济性,说明流域内各项污染物排放水平的变化情况。对蟒沁河流域内目前支持达标排放的各个行业的主要技术进行梳理,结合调研情况,分析这些技术在流域内的应用情况和是否满足达标排放要求,说明技术可达性。

5.5.1.1 食品及农副产品加工业

1. 行业达标技术分析

食品及农副产品加工业废水属于有机废水,一般可生化性较好。2011 年,流域内食品及农副产品加工业废水一般采用生化和物化两级处理,根据水质特性,物化处理单元有前置和后置两种形式,部分采用深度处理,生化处理工艺主要为厌氧(UASB)、厌氧好氧活性污泥法(A/O)、氧化沟、生物接触氧化法和序批式活性污泥法,物化处理工艺主要为气浮、混凝沉淀等,处理后化学需氧量、五日生化需氧量的去除率在 95% 以上,总氮、氨氮去除率可以达到 70%,出水化学需氧量浓度可以达到 100 mg/L 以下,氨氮在 15 mg/L 以下,可以满足该行业所执行《污水综合排放标准》(GB 8978—1996)一级标准或行业排放标准,但满足流域排放标准,需要进一步降低污染物排放浓度,进行污水处理设施技术改造或增加深度处理(见图 6-3)。

标准实施以后,流域内食品及农副产品加工企业对原来的处理工艺进行改造,增加预处理,增设厌氧处理单元,对好氧处理工艺进行结构改造或参数调整,在生化处理后增加混凝沉淀或曝气生物滤池单元进行深度处理,深度处理对化学需氧量、五日生化需氧量的去除率可以达到 30%~50%,对总氮、氨氮去除率可以达到 20%~40%,对总磷也有一定的去除效果。

2. 典型企业达标技术分析

某企业增加了"臭氧脱色设备和化学除磷设备",环保投资费用为 157.8 万元,占企业工业产值比例为 2.54%;某企业增加了"预处理+USAB+AOS 生物脱氮+生物接触氧化+二沉池+化学除磷+三沉池"工艺,环保投资费用为 500 万元,占企业工业产值比例为 2.51%;某企业增加了"预处理+气浮+双 AO+二沉池+化学除磷+三沉"工艺,环保投资费用为 1 200 万元,占企业工业产值比例为 2.75%。

废水处理工艺流程如图 6-4 所示。

5.5.1.2 造纸行业

1. 行业达标技术分析

造纸行业废水具有水量大、污染物浓度高、悬浮物含量高、可生化性差等特点,长期以来治理难度较大。

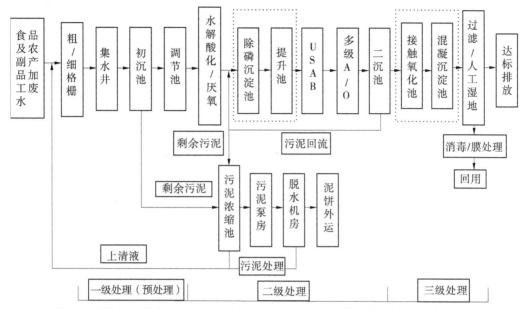

图 6-3 蟒沁河流域食品及农副产品加工废水处理工艺流程(虚线框为达标新增工序)

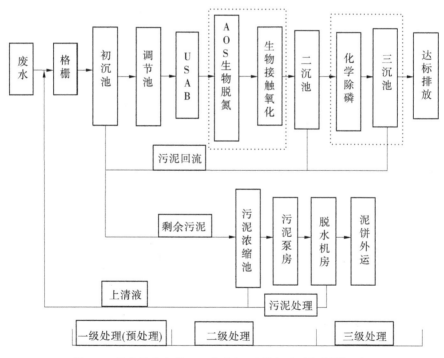

图 6-4 某企业废水处理工艺流程(虚线框为达标新增工序)

2011 年,流域造纸行业企业废水大部分采用物化+生化二级污水处理工艺,部分企业进行了深度处理,该行业执行《制浆造纸工业水污染物排放标准》(GB 3544—2008),制浆和造纸联合企业化学需氧量要求控制在 90 mg/L 以下,造纸企业化学需氧量要求控制在

80 mg/L 以下,氨氮控制在 8 mg/L 以下,大部分企业废水排放化学需氧量浓度在 60~90 mg/L,氨氮在 5 mg/L 左右,可以满足现行排放标准要求,但是不能满足流域排放标准要求。

根据实施以后,流域造纸行业企业为了满足流域排放标准要求,进一步降低污染物排放浓度,进行了技术改造,增加深度处理工艺,如图 6-5 所示。

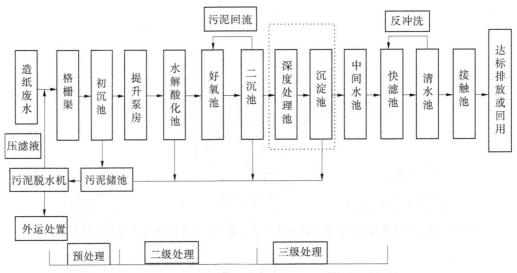

图 6-5 蟒沁河流域造纸行业废水处理工艺流程(虚线框为达标新增工序)

2. 典型企业达标技术分析

某企业采用"筛滤+二级平流沉淀+三级生物酸化+三级生物好氧"工艺,环保投资费用为 280 万元,占企业工业产值比例为 0.79%;某企业采用"物化处理+厌氧处理+深度处理+污泥处理"工艺,环保投资费用为 693 万元,占企业工业产值比例为 5.89%;某企业采用"物化+生化+深度治理"技术,环保投资费用为 3 000 万元,占企业工业产值比例为 9.12%。进行三级深度处理后化学需氧量出水在 50 mg/L 以下,氨氮在 5 mg/L 以下。

废水处理工艺流程如图 6-6 所示。

5.5.1.3 制革及毛皮加工行业

1. 行业达标技术分析

污染物主要来自两个方面:其一是加工过程中产生的废水;其二是生产过程中使用的大量化工原料,这些原料有各种助剂、鞣剂及加脂剂、涂饰剂等,废水中含有较高的有机物、氨氮、金属铬和硫化物等。

2011 年,流域内的制革及毛皮加工企业的含铬废水一般采用"碱沉淀"处理技术,综合废水一般采用"水解酸化+厌氧好氧活性污泥法(A/O)两级串联 +絮凝沉淀"的处理技术,部分制革及毛皮加工企业在末端处理工艺上综合废水采取"厌氧+两级好氧+气浮"工艺,该行业所执行《污水综合排放标准》(GB 8978—1996)一级标准化学需氧量排放要求控制在 100 mg/L 以下,氨氮控制在 15 mg/L 以下,企业化学需氧量排放浓度为 100 mg/L 左右,氨氮排放浓度为 10 mg/L 左右,可以满足原来的排放标准要求。

标准实施以后,流域各级政府和相关管理机构一方面鼓励制革及毛皮加工行业相关

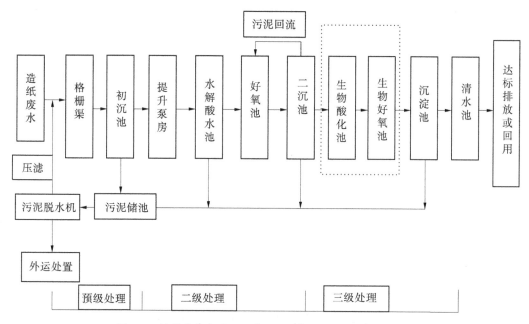

图 6-6　某企业废水处理工艺流程（虚线框为达标新增工序）

企业向皮毛专业园区集中,并建设南庄镇皮毛园区日处理 3 万 t 园区综合污水处理厂,收纳一些不具备污水处理设施提标升级的企业废水集中处理。截至 2018 年底,拆除了 135 家毛皮企业涉水工段,中信环境(孟州)有限公司污水处理厂二期扩建工程竣工,完成了中信环境水务等 14 家废水重点排污单位总氮自动监控设施建设。另外,要求企业对废水处理工艺进行改造,积极推进孟州市南庄皮毛专业园区无铬鞣制清洁生产工艺改造及污染治理项目、隆丰污水处理厂升级工程等项目建设(见图 6-7)。

2. 典型企业达标技术分析

某企业在废水分质预处理的基础上,混合废水治理采用"厌氧+多级厌氧好氧活性污泥法(A/O)串联+深度处理"的工艺流程,综合废水先经过强化预处理,以去除废水中大分子物质和悬浮物,然后进行厌氧消化,部分有机物质被厌氧菌在厌氧条件下分解产生甲烷和二氧化碳;再经过短程硝化-反硝化和多个厌氧好氧活性污泥法(A/O)串联工艺,进一步降低水中有机物质的含量;最后经过微氧化、物化处理、生物滤池等深度处理工艺,并投加高效脱氮菌,出水化学需氧量和氨氮分别能达到 50 mg/L 和 5 mg/L 以下,新增环保投资费用为 45 000 万元。某企业均在"物化+生化"处理基础上增加了"深度治理(高级氧化)"处理,新增环保投资为 50 万~1 000 万元,占企业工业产值比例为 0.64%~6.0%。

废水处理工艺流程如图 6-8 所示。

5.5.1.4　化工行业

2011 年,流域氯碱企业基本都采取节水技术,对处理后的废水进行循环回用,工业用水循环利用率较高,末端处理采用高级氧化法或双膜法污水处理工艺,后再用厌氧好氧活性污泥法(A/O)工艺进行处理。蟒沁河流域内氮肥企业规模较大的 1 家企业,采取节水技术,工业用水重复利用率达 95%,其他 2 家氮肥企业生产规模较小,工业用水重复利用率不高,单位产品废水产生量较大,废水末端治理采用 A/O 工艺处理废水。流域内企业

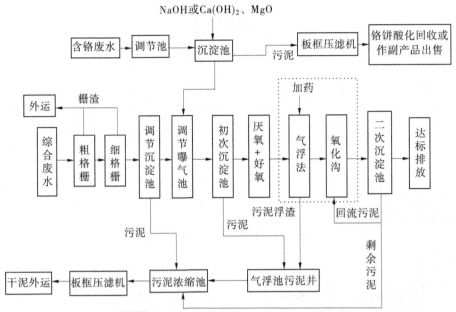

图 6-7 蟒沁河流域制革行业废水处理工艺流程(虚线框为达标新增工序)

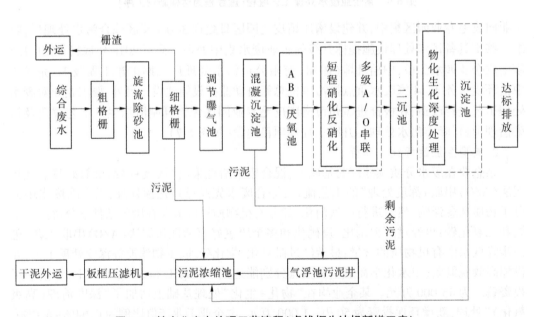

图 6-8 某企业废水处理工艺流程(虚线框为达标新增工序)

执行《污水综合排放标准》(GB 8978—1996)一级标准或行业排放标准,化学需氧量排放要求控制在 100 mg/L 以下,氨氮控制在 15 mg/L 以下,企业废水排放浓度可以满足该排放标准要求,但是与流域标准要求有一定差距。

流域标准实施以后,流域化工企业采取"格栅+沉淀+水解酸化""冷凝水回用,螯合树脂塔酸碱分离回用,母液处理回用"等工艺来处理工业废水(见图6-9),处理后中水回用循环水,在降低运行成本的同时,化学需氧量排放浓度达到 50 mg/L 以下、氨氮可以达到

5 mg/L 以下,新增环保投资 1 600 万~1 700 万元,占企业工业产值的 0.61%~3.72%。

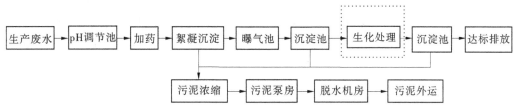

图 6-9 某企业废水处理工艺流程(虚线框为达标新增工序)

5.5.1.5 污水处理厂

2011 年,蟒沁河流域已对区域内的城镇污水处理厂提出达到《城镇污水处理厂污染物排放标准》(GB 18918—2002)一级 A 标准的要求。标准实施以来现有城镇污水处理厂对处理工艺进行改造进一步降低化学需氧量、氨氮、总磷的浓度。采取的改造措施主要有(见图 6-10):

(1)调整活性污泥工艺。通过增加厌氧/缺氧处理过程、调整厌氧/好氧/缺氧的体积比、增设不同区域的污泥回流和混合液回流系统,将传统的活性污泥工艺改造为 A^2/O 工艺、改良 A^2/O 工艺、倒置 A^2/O 工艺等,同时达到脱氮除磷的目的。

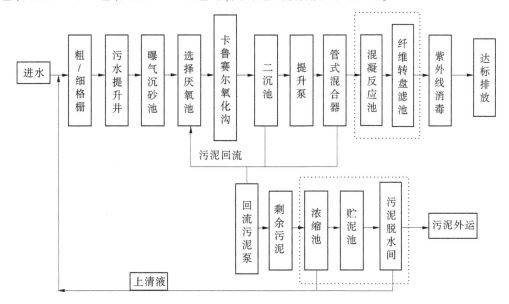

图 6-10 蟒沁河流域污水处理厂典型废水处理工艺流程(虚线框为达标新增工序)

(2)采用活性污泥和生物膜复合工艺。充分发挥两个污泥系统的特点和优势,达到高效脱氮除磷的目的。

(3)增加化学处理过程。在沉淀池或污水处理反应池内投加金属盐和聚合物等化学药剂,通过化学反应和凝聚作用生成沉淀物,以达到去除悬浮有机物和除磷的目的。

(4)在线及自动检测设备安装:对流域内的污水处理厂安装总氮、总磷、氨氮等污染源在线及自动检测设备。

某污水处理厂提标升级工程:实际完成投资近1 800万元,增设了2个6 000 m³预处理水解沉淀池、1个1 600 m³混凝反应池、1个1 300 m³污泥浓缩池、2个64 m³乙酸钠药池以及污泥脱水间、碳源投加间和多功能用房及高级氧化药剂投加单元,同时对增量污泥浓缩脱水以及卡鲁赛尔氧化沟投加碳源强化总氮去除进行工程技改(见图6-11),设施运行稳定,废水排放达到相关标准。

标准实施后典型行业重点企业污水处理及提标改造情况见表6-45。标准实施以后蟒沁河流域污水处理厂提标改造情况见表6-46。

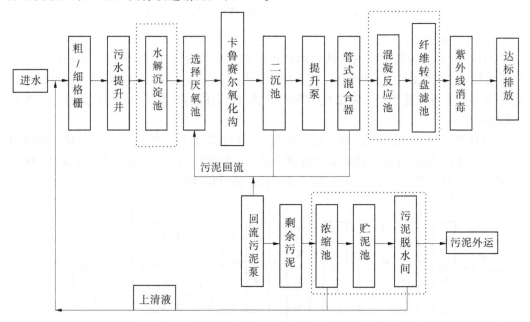

图6-11 某污水处理厂废水处理工艺流程(虚线框为达标新增工序)

5.5.2 排污企业达标经济可行性评估

针对污染物具体排放指标,筛选流域内的典型行业和企业作为案例,分析其达标情况和经济投入情况。

5.5.2.1 企业环保投资经济分析

分析蟒沁河流域标准实施以后,企业因提标改造引起的固定成本(基建投资)、运维成本较2011年的变化情况。

经过对流域工业企业污染物排放系统数据分析,发现流域排放标准实施以后,流域内企业均实施清洁生产和污水处理设施技术改造或深度治理,新增环保设施投资成本最高达到4.5亿元,最低50万元,平均约3 194元;新增运行费用最低为0.02元/t水,最高达到25.7元/t水;新增环保设施投资约5.75亿元,占其工业总产值的1.15%,其中食品及农副产品加工行业新增环保投资占企业工业总产值的比例为2.5%~2.8%、造纸行业为0.79%~9.12%、制革及毛皮加工业为0.62%~6.0%、化工行业0.48%~3.72%;废水治理设施年运行费用占其工业总产值的比例为0.001%~7.94%,平均为0.91%;其中食品及农副产品加工行业的比例为0.001%~6.39%、造纸行业为0.009%~7.94%、制革及毛皮加工业为0.24%~6.0%、化工行业为0.001%~2.4%。综上分析,在经济上是可行的

（见表6-47）。

表6-45 标准实施后典型行业重点企业污水处理及提标改造情况

企业名称	污水排放执行标准	运行费用增加（元/t污水）	改造投资费用（万元）	排水去向	处理工艺	改造内容
某企业	蟒沁河流域排放标准、相关行业排放标准	8	45 000	孟州市城市污水处理有限公司	格栅→旋流除砂→细格栅→预沉→调节→混凝沉淀→水解酸化→ABR厌氧→中沉→氧化沟→二沉	新建格栅间、旋流除砂池、细格栅、预处理系统、调节池、混凝沉淀池、水解酸化池、ABR厌氧池、ABR沉淀池、氧化沟、二沉池等
				城市管网	水解酸化+A/O	
		0.5	1 838	蟒河	筛滤+二级平流沉淀+三级生物酸化+三级生物好氧	深度处理
			157.8	蟒河	酸化+UASB厌氧+好氧+化学脱磷	臭氧脱色设备和化学除磷设备
				蟒河	物化+生化	
				污水处理厂	物理化学法	
		3	180	蟒河	三水分离，物化+生化，深度治理（高级氧化）	深度治理（高级氧化）
		3	1 000	污水处理厂	物化+生化	深度治理（高级氧化）
		2	50	污水处理厂	物化+生化	深度治理（高级氧化）
		9	280	蟒河	浅层气浮—IC厌氧—氧化池—絮凝沉淀	厌氧处理系统
			693	沁河	物化处理+厌氧处理+深度处理+污泥处理	深度处理+污泥处理
				污水处理厂		
	一级A	4	300	蟒沁河	生化+物化+芬顿深度处理	芬顿深度处理
	蟒沁河流域排放标准、相关行业排放标准	6.5	500	蟒河	厌氧+好氧+生化	预处理+USAB+AOS生物脱氮+生物接触氧化+二沉池+化学除磷+三沉池
		3.5	1 200	蟒河	厌氧+好氧+生化	预处理+气浮+双AO+二沉池+化学除磷+三沉
		12	3 000	蟒河	物化+生化+深度	深度治理
		2.6	1 700	蟒河	调节pH+絮凝沉淀+曝气+沉淀+生化	格栅+沉淀+水解酸化
		0.4	1 600	蟒沁河	生化+离子交换	冷凝水回用，螯合树脂塔酸碱分离回用，母液处理回用

表 6-46　标准实施以后蟒沁河流域污水处理厂提标改造情况

名称	污水排放执行标准	设计处理能力（m³/d）	实际处理量（m³/d）	运行费用增加（元/t污水）	收水面积增加（km²）	收水企业数量（家）	改造投资费用（万元）	处理工艺	改造内容
某污水处理厂	一级A	25 000	22 000	0.3	10	0	1 758	格栅+沉砂池+改良氧化沟+二沉池+混凝+沉淀+过滤	
		50 000	34 000	0.28	0	集聚区所有企业	2 000	初沉水解+改良型卡鲁塞尔氧化沟+混凝+沉淀+纤维过滤+消毒	增加初沉水解池、混凝沉淀池、脱水机房、碳源投加间、污泥浓缩池、加药罐区、鼓风机房
		20 000	13 000	1.1	122	11			
		30 000	31 824	0.41		14	19	改良型卡鲁赛尔氧化沟处理工艺	
		40 000	35 000	1.1	122	11		多级A/O工艺+滤布滤池	
		3	2	0.94				栅和曝气沉砂预、多级A/O处理系统、生化、沉淀池除总磷、微滤除悬浮物	
		4	4	0.06	15		3 500	卡鲁塞尔2000型改良氧化沟活性污泥、深度处理,混凝沉淀+纤维转盘过滤+次氯酸钠消毒	
		50 000	64 118						
		50 000	51 111	0.3					

表 6-47　标准实施以后主导行业企业环保投资经济效益分析

行业	企业新增环保投资占工业总产值比例(%)	企业废水治理设施年运行费用占工业总产值的比例(%)
食品及农副产品加工	2.5~2.8	0.001~6.39
造纸	0.79~9.12	0.009~7.94
制革及毛皮加工	0.62~6.0	0.24~6.0
化工	0.48~3.72	0.001~2.4

5.5.2.2　流域排污重点行业经济分析

流域排放标准实施以来,受多方因素影响,食品、农副产品、软饮料制造业企业数量减少 1 家,工业产值增加约 34.4 亿元;化工行业企业数量增加 27 家,工业产值减少 1.87 亿元,占流域工业总产值的 0.15%;造纸行业淘汰工业企业 12 家,工业产值减少 43.1 亿元,占流域工业总产值的 3.39%;制革及毛皮加工行业淘汰企业 120 余家,工业产值减少 30.7 亿元,占流域工业总产值的 2.32%。通过流域标准的实施以及各种环保政策的执行,流域重点行业产值虽有所下降,但单位产值整体提高,同时由于其他高新产业的发展,流域工业产值总量及增速保持了稳定增长,未对流域经济造成明显影响,从经济角度分析是可以接受的。同时本标准的实施,促进了造纸、制革及毛皮加工等重污染企业淘汰落后产能,分别削减化学需氧量 4 826.7 t 和 1 845.8 t、氨氮 209.8 t 和 291.4 t,为流域经济发展腾出总量指标,促进了新兴产业发展。

5.5.2.3　其他综合治理措施经济分析

为确保蟒沁河流域断面水环境质量明显改善,流域济源市、焦作市生态环境局采取多举措扎实推进水质改善工作。

一是积极推进专业园区建设,原来不达标企业中有部分企业通过将废水排入集中污水处理厂或修建排污管网将企业污水引至附近的污水处理厂进行处理。如实施孟州市南庄毛皮专业园区清洁生产工艺改造和污染治理,南庄毛皮园区采取企业生产分期、限量、有序生产,限制外排水量的措施,督促园区和流域县市加快污水处理厂建设和提标改造等措施。

二是加快城镇污水处理设施建设与改造。建设温县第二污水处理工程等项目,新建污水处理厂出水全因子达到或优于一级 A 排放标准,其中蟒沁河流域城镇污水处理厂出水按时达到《蟒沁河流域水污染物排放标准》(DB 41/776—2012)要求。有条件的地方,新建和现有城镇污水处理厂要结合当地河流水质目标,配套建设尾水人工湿地,对污水处理厂尾水进行深度治理。完善城镇污水处理厂自动监控设施,加装总磷在线监控设施并与省、市环保部门联网。

三是积极实施截污工程和河道综合整治。对流域乡镇办事处的雨污管道直排口进行封堵,建成生活污水收集池。对流域重点污染河段进行综合整治,如孟州市与中科宇清环保有限公司合作,借鉴北京市河道治理经验,总投资 7 500 万元,采用超饱和溶氧和超磁化技术对河道进行治理,建成细分化-超饱和溶氧-超强磁化水处理站 3 座,建成处理设施 24 台套,日处理水量 20 万 m³,有效改善了河流水质;开展温县蟒河单庄至南贾村段河道整治。实施河道底泥重金属无害化整治工程,如孟州市利用专项资金,总投资 1 140 万元,对田寺下游 5.3 km 段河道底泥进行清淤整治。开展济河、沁河生态修复工程,实施垃圾清理、生态修复等措施,提升河流生态功能。加强水资源调度管理,努力改善济河济源市段河流环境流量。

四是政策及监管措施。标准实施以来,焦作市、济源市对流域内氮肥制造、毛皮鞣加工、有机化学原料制造、羽毛(绒)加工、化学试剂和助剂制造等重点行业实行严格的环境准入政策。新建、改建、扩建涉水建设项目必须满足水环境质量和污染物总量控制要求。整治钢铁、有色金属、造纸、印染、原料药制造、化工等重点水污染物排放行业,落实《水污染防治重点行业清洁生产技术推行方案》,实施清洁化改造。完成流域造纸、钢铁、印染、制药等重点污染行业的专项整治,造纸行业完成纸浆无元素氯漂白改造或采取其他低污染制浆技术,钢铁企业焦炉完成干熄焦技术改造,印染行业实施低排水染整工艺改造,制药(抗生素、维生素)行业实施绿色酶法生产技术改造。

加强对工业污染源全面达标排放的监督,所有企业外排废水要全因子达到国家和省确定的水污染物排放标准,并符合当地水环境质量和总量控制的要求;完善监管重点涉水企业污染物排放的在线监测和监督性监测机制,建立和维护覆盖省、市、县各级的污染源基础信息档案和污染源在线及监督性监测数据库,及时向社会公布本辖区内企业的监督性监测信息,每季度公布未达标企业名单。完善污染源自动监控设施,对排放总磷的重点企业加装总磷在线监控设施并与省、市环保部门联网。集中治理工业集聚区污染,省级产业集聚区均配套建设与规模相应的污水集中处理设施,安装自动在线监控装置,实现与市、县级环保部门联网。有条件的地方,新建和现有产业集聚区污水处理厂要结合当地河流水质目标,配套建设尾水人工湿地,对污水处理厂尾水进行深度治理。

重点工程有:

焦作 2013 年 2 项污水处理厂提标改造项目进行建设、1 项产业集聚区(工业园区)污水处理厂项目已完成;6 项重金属污染防治项目已完成或基本完成 5 项,在建 1 项。2015 年完成重点减排项目沁阳市第三污水处理厂项目和武陟县利群纸业有限公司废水深度处理工程、焦作市华康化工有限公司木糖生产废水深度处理工程。2016 年完成 4 家企业治理工程、开展沿河涉水企业排查整治,推进污水处理厂提标改造、污水处理配套管网建设,完成三污厂管网改扩建工程,建成管网 0.68 km,新增收水约 5 000 m³。

沁阳市第二污水处理厂废水提标改造、第三污水处理厂建设和管网改扩建工程,建成管网 0.68 km,新增收水约 5 000 m³。使外排废水达到《城镇污水处理厂污染物排放标准》一级 A 标准;建设"一厂一管"工程,使济河(城区段)所有企业废水,经各自管道直接进入污水处理厂深度处理后排放,协和皮业全厂废水深度治理工程和第三污水处理厂工程、第二污水处理厂提标改造工程通过验收;对影响污水处理厂正常运行的济河沿线涉水企业进行排查(夜查为主、暗访为主),持续开展饮用水源地、污水处理厂、垃圾处理厂的集中整治;完成对 40 多家企业水质和烟气在线监控设施进行了在线比对监测;实施金牛、利派 2 家企业废水深度治理,完成废水提标改造;对沿河 20 多家企业进行排查整治,使沁河、济河出境断面达标率达到 80%左右;对排查出来的 50 家河流沿线畜禽养殖开展治理,防止污水直排;开展重点污染源自动监控系统省、市、县三级联动试点工程,完成 14 家涉水(造纸和制革)企业首批安装治污设施和总排放口监控视频并联网、开展涉水工业企业废水深度治理,完成 4 家企业治理工程;开展黑臭水体治理,开展河流周边畜禽养殖场搬迁取缔。2017 年四个断面平均综合污染指数为 2.24,11 月平均达标率为 75%。

武陟县:对华丰纸业、华康化工、裕康肉业等重点排污企业按照蟒沁河水污染物排放标准进行深度治理、关闭建民纸业、淘汰华丰纸业制浆生产线等措施。先后投资 2 亿元建成投运了第一污水处理厂和第二污水处理厂,配套完善城区污水收集管网,城区废水收集处理率达到 100%。关闭取缔圪垱店 100 余家小皮毛企业,仅保留具备治污能力的企业;对绿宇化工、江河纸业、瑞丰纸业等重点涉水企业开展废水深度治理;对不符合国家产业政策、污染严重的揽月包装、乔庄化工厂等 2 家企业实施关闭取缔,对小麻村 300 多家小皮革实施集中生产、集中治污,对明生皮业、伊兰实业、旭瑞食品、康利达食品等 4 家企业实施限期治理。建设三阳乡小麻村生活污水处理站。清淤疏浚河道 9.4 km。对 65 家规模畜禽养殖企业进行整治。

6 实施保障情况评估

从标准实施后环境管理制度的配套保障、标准与地方规划和专项行动的一致性、经济保障、监察与监测建设和公众反应对标准实施保障情况进行定性评估。

6.1 环境管理制度保障作用评估

6.1.1 排污许可证和重点排污单位管理

流域污染物排放标准为流域水质达标和改善提供了环境管理的依据,其实施与其他环境管理制度相辅相成,与流域环境准入、排污许可证制度和环评审批等同属于行政管理手段。

6.1.1.1 相关管理制度建设

在蟒沁河流域污染物排放标准颁布实施后,济源市先后下发了《关于加强国家重点监控企业自行监测及信息发布的工作意见》(济环〔2014〕2 号文)、《关于印发 2015 年济源市重点排污单位名录的通知》(济环〔2015〕18 号文)、《关于开展全市河流涉水污染源排查整治工作的方案》、《济源市环境保护局效能告诫实施细则(试行)》、《工业污染源全面达标排放计划实施方案》等一系列文件;焦作市先后下发了《关于采取措施尽快改善蟒沁河水质的通知》(焦环保〔2015〕48 号)、《关于有效解决老蟒河水质污染问题的监察通知》(焦环函〔2014〕78 号)、《焦作市碧水工程行动计划》、《关于建立重点监控企业环境监管信息季报和年报调度机制》(焦环保〔2014〕51 号)、《关于做好 2014 年环境监察网格化管理工作的通知》(焦环保〔2014〕65 号)、《关于加强地表水总磷污染防治工作通知》(焦环保〔2014〕243 号)、《焦作市水污染防治总体实施方案(2018~2020 年)》等一系列文件。相关文件中规定了企业排放主要污染物达到国家和地方污染物排放控制标准要求,蟒沁河流域污染物排放标准作为地方污染物排放控制标准,也成为了企业排污的重要检测指标和达标前提。

在此基础上,焦作市和济源市加强了对排水企业的监控与监管,对重点排污企业安装污染物排放自动监控设施并与环保部门联网,环境监察机构负责对重点排污单位排污口进行规范化管理,定期开展重点排污单位排污情况监督检查,对发现的违规违法行为提请法制部门立案查处,做到了监管有抓手,处罚有依据,为标准的实施提供了环境管理的依据。

6.1.1.2 执行流域标准企业管理制度执行情况

根据《蟒沁河流域水污染物排放标准》控制对象要求,经过产业调整与整合,目前流域内主要企业有 142 家企业执行蟒沁河流域污染物排放标准,其中济源市 36 家,焦作市 106 家,企业废水处理后排入污水处理厂的企业共 90 家,企业经处理后直接排入地表径流的企业共 54 家。主导行业中直接排入地表径流企业中制革及毛皮加工企业 8 家,化工企业 13 家,食品及农副产品加工业企业 13 家,废纸制浆造纸和商品浆造纸企业 6 家。流域内企业排水浓度均等于或严于《蟒沁河流域水污染物排放标准》的规定浓度,企业废水基本能达标排放。

6.1.2 严格环境准入

《蟒沁河流域水污染物排放标准》于 2013 年 3 月 1 日实施。为此,焦作市和济源市对涉水企业全面检查,对未达标的企业实施停产治理,强化重点企业动态管理,对设施运行、排污状况实行过程管理,抑制高污染、高耗能和低水平重复建设,大力实施工程减排、结构减排、管理减排,不断消减存量,严格控制增量。在淘汰落后产能方面,焦作市和济源市坚决杜绝高耗能、高耗水、高排放、重污染项目建设,全面推进规划环境影响评价和总量预算制度,形成建设项目环境准入联控合力,严格禁止重污染项目建设;新上工业企业原则上全部入驻产业集聚区或工业园区,特殊行业企业推行"退城入园";淘汰调整重污染行业产能,压缩经济贡献不高但污染负荷大的造纸、制革企业产能。

2011 年蟒沁河流域涉水重点企业 354 家,经过技术改造和重新整合,至 2017 年流域内现有涉水重点企业 142 家,其中食品加工企业 23 家,与流域排放标准实施以前(2011年)相比基本持平;现有造纸企业 10 家,比 2011 年减少 14 家;蟒沁河流域现有制革及毛皮加工企业 50 家,和流域排放标准实施以前(2011 年)相比减少了 121 家;蟒沁河流域现有化工行业企业 35 家,和流域排放标准实施以前(2011 年)相比增加了 18 家;其他流域内铅锌冶炼和蓄电池行业等制造业行业企业数量共 24 家。

通过严格环境准入,加大产业结构调整,有力保障了《蟒沁河流域水污染物排放标准》的执行。

6.2 地方规划与专项行动保障作用评估

《蟒沁河流域水污染物排放标准》颁布前后,正值"十二五"环保规划实施中后期和"十三五"环保规划实施前期,流域标准作为环保规划的落实手段,从水质、产业结构调整等方面保障了"十二五""十三五"环保规划的实施。

在《蟒沁河流域水污染物排放标准》实施同期,焦作市先后开展了"清水专项行动""54130 污染整治工程"等专项行动,焦作市政府印发了《焦作市"2014 清水利剑"专项行动实施方案》(焦政办〔2014〕76 号),启动实施了"2014 清水利剑"专项行动。深入推进工业企业提标改造和城市污水处理厂综合整治,不断改善流域水质。济源市先后开展了"截污治污城市河流清洁行动"和"碧水工程",制订了《工业污染源全面达标排放计划实施方案》。

进入"十三五"后,焦作市和济源市实施了水生态文明建设,编制了"十三五"生态环境保护规划,其中要求进一步加强污染源排放管理,保证达标排放。2018 年,河南省发布了《河南省污染防治攻坚战三年行动计划(2018~2020 年)》,计划要求消灭劣 V 类水体断面;省辖市城市集中式饮用水水源地水水质达标率达到 100%。焦作的沁河(武陟渠首断面)要有针对性地制订实施河流水质提升专项方案,确保到 2020 年上述断面水质全部达到或优于Ⅲ类;重点整治济源的济河以及蟒河等污染较重河流,相关省辖市要制订实施整治方案。面对更严格的水质目标要求,《蟒沁河流域水污染物排放标准》的有效执行是水环境改善有力保障,通过标准实施数年的落后产能淘汰和达标排放管理,为"十三五"时期水环境改善以及各专项规划目标的实现垫定了良好的基础。标准与地方规划及专项行动的协调性见表 6-48。

表 6-48　标准与地方规划及专项行动的协调性

规划或行动名称		实施年份	与标准相关实施内容	标准所起作用
焦作市	焦作市污染防治攻坚战三年行动计划	2018~2020	到 2020 年,蟒河温县氾水滩断面达到Ⅳ类,沁河武陟渠首断面达到Ⅲ类。焦作城市集中式饮用水水源水质达到或优于Ⅲ类比例保持 100%;地下水质量考核点位水质级别保持稳定;焦作市建成区全面消除黑臭水体	相互促进
	"十二五"环保规划	2010~2015		落实保障规划实施
	"十三五"环保规划	2015~2020		垫定基础
	"2014清水利剑"	2014	对本辖区内所有涉水企业进行全面排查,重点突出对化工、化肥、皮毛制革、造纸、酿造、制药等重点行业企业的排查,对生产工艺、产污环节、治污设施运行、污染物排放等环节和企业环境风险防范、水平衡等状况进行全面检查,督促涉水企业污染防治设施正常运行,污染物稳定达标排放,对超标排放污染物或对河流断面水质产生较大影响的企业,分别采取停产整改、行政处罚和限产限排等强力措施,切实保障河流水质环境安全	相互促进
	"54130 污染整治工程"	2014	深入推进工业企业提标改造和城市污水处理厂综合整治。完成污水处理厂提标改造 2 座,全市需提标改造的 9 个污水处理厂,已完成 5 座;完成了 24 家重点涉水企业提标改造项目;还开展城市河流水质调查、城镇污水基础情况调查工作和饮用水水源保护区环境状况评估等工作	相互促进
	"76200"污染整治攻坚工程	2015	辖区所有废水排放企业要确保达到河南省《省辖海河流域水污染物排放标准》和《蟒沁河流域水污染物排放标准》。重点推进蟒河孟州市段等河水环境综合整治,切实改善流域水环境质量。排查磷排放行业,对超标企业实施限期治理或停产治理,确保达标排放	相互促进

续表 6-48

规划或行动名称		实施年份	与标准相关实施内容	标准所起作用
济源市	济源市污染防治攻坚战三年行动计划	2018~2020	打好城市黑臭水体治理、饮用水源地保护、全域清洁河流、农业农村污染治理等攻坚战役。2020年,全市地表水质量达到或优于Ⅲ类水质断面总体比例,力争达到全国平均水平的70%;所有水体考核断面水质在Ⅳ类以上;地表水环境质量全面改善	相互促进
	"十二五"环保规划	2010~2015		落实保障规划实施
	"十三五"环保规划	2015~2020		垫定基础
	截污治污城市河流清洁行动	2014~2015	重视城市河流清洁行动,采取有效措施,加快推进各项任务的落实;进一步明确责任,落实好属地管理责任,落实好行业管理责任,落实好台账目标任务;进一步强化督导,建立通报曝光机制、约谈问责机制和奖惩并举机制,确保河流清洁行动取得实效	相互促进
	碧水工程	2013~2016	以截污入网、河道整治、养殖小区取缔为重点,加快推进企业治理设施和污水管网建设,抓好蟒河、湨河、苇泉河等的改造提升,整治、取缔河流沿线和环境敏感区内的畜禽养殖场(区),确保实现企业"清水入河"、生活污水"入网"、养殖废水"零排放"和河道"彻底清淤"	相互促进
	城市河流清洁行动实施方案	2014~2016	全面消除垃圾河,基本消除建成区污水直排现象,启动过城河道综合治理工程,完成河道治理4.6 km左右,河岸绿化18.6万 m^2。全面消除黑臭河,完成河道治理3.78 km左右,河岸绿化75.2万 m^2,生态河流建设取得明显成效,城市河流干流及主要支流生态基本恢复,城市水环境质量明显提升,河畅水清、岸洁景美、人水和谐的城市河网水系基本形成	相互促进
	工业污染源全面达标排放计划	2017~2020	实施水污染综合治理,严格控制河流沿岸的项目准入,取缔不符合国家产业政策的"八小"企业,制定实施重点污染行业水污染专项治理方案,提升企业废水深度治理水平,确保稳定达标。推动城市建成区污染较重的企业逐步有序搬迁改造或依法关闭。全面整治城市黑臭水体。到2020年,重点流域水质优良比例总体达到70%以上,地表水丧失使用功能的水体断面比例降至10%以下,城市集中式饮用水水源水质达到或优于Ⅲ类比例总体高于96%,全面消除黑臭水体	相互促进

6.3 经济政策保障作用

6.3.1 排污费征收

根据《征收排污费暂行办法》《排污费征收使用管理条例》等法律法规的相关规定,焦作市先后制定《关于进一步规范排污费征收工作的通知》《关于推进我市排污费征收全程信息化管理工作的通知》(焦环保〔2014〕137号)等系列通知文件,文件规范了排污费征收流程,并对征收排污费定期进行公示;济源市根据《排污费征收使用管理条例》对相关企业征收排污费,并对征收排污费进行公示。

6.3.2 生态补偿

为打好水污染防治攻坚战,保护和改善辖区内水环境质量,焦作市颁布了《焦作市水环境质量生态补偿暂行办法》,济源市颁布了《济源市水环境质量生态补偿暂行办法》。生态补偿暂行办法中明确规定,按照谁污染、谁赔偿,谁治理、谁受益的原则,对各县(市、区)进行奖励或处罚适用于包括蟒沁河在内的区域河流,该办法规定,水环境质量生态补偿包括地表水考核断面、饮用水水源地和水环境风险防范的生态补偿,生态补偿资金按月度兑现,生态补偿制度作为一种经济手段,将达标排放纳入经济考核,切实增强各县(市、区)改善水环境质量的责任感和紧迫感,较好地保障了流域排放标准的实施和执行。

另外,焦作和济源两市还在全辖区范围内试行生态环境损害赔偿制度,明确了赔偿范围、赔偿权利人、赔偿义务人等,探索建立生态环境损害修复和赔偿长效机制。

6.4 技术保障

针对蟒沁河流域的废水特征,标准实施后焦作市和济源市环保相关部门和企业对废水处理的工艺技术进行了升级、更新,有效地降低了废水外排的污染。

6.4.1 污水处理厂技术升级

标准实施后现有城镇污水处理厂对处理工艺进行改造进一步降低化学需氧量、氨氮、总磷的浓度。采取的改造措施主要有:通过增加厌氧/缺氧处理过程、调整厌氧/好氧/缺氧的体积比、增设不同区域的污泥回流和混合液回流系统,将传统的活性污泥工艺改造为A^2/O工艺、改良A^2/O工艺、倒置A^2/O工艺等,同时达到脱氮除磷的目的;采用活性污泥和生物膜复合工艺,充分发挥两个污泥系统的特点和优势,达到高效脱氮除磷的目的;在沉淀池或污水处理反应池内投加金属盐和聚合物等化学药剂,通过化学反应和凝聚作用生成沉淀物,以达到去除悬浮有机物和除磷的目的;对流域内的污水处理厂安装在线及自动检测设备,加强检测控制,稳定出水水质。

6.4.2 典型行业企业技术升级

食品及农副产品加工业:废水属于有机废水,一般可生化性较好。根据水质特性,物化处理单元有前置和后置两种形式,部分采用深度处理,生化处理工艺主要为厌氧(UASB)、厌氧好氧活性污泥法(A/O)、氧化沟、接触氧化法、活性污泥法和序列间歇式活性污泥法,物化处理工艺主要为气浮、混凝沉淀等,深度处理工艺主要为砂滤、曝气生物滤池等;造纸行业主要通过清洁生产技术和"厌氧+好氧+深度治理"技术提标改造;制革及毛皮加工行业在废水分质预处理的基础上,混合废水治理可采用"厌氧+多级厌氧好氧活性污泥法(A/O)串联+深度处理"的工艺流程;化工行业采用双膜工艺用来处理烧碱废水,采用高活性微生物和微生物活化技术及水解酸化+接触氧化技术对现有二级厌氧好氧活性污泥法(A/O)工艺进行改造。

6.5 环境监测和执法能力保障作用评估

6.5.1 环境监管与执法

6.5.1.1 实施网格化监管

根据《河南省人民政府办公厅关于转发省环保厅河南省环境监管网格化实施指导意见的通知》(豫政办〔2016〕60号),按照省环境监察网格化精细化管理总体目标,焦作、济源两市以环境监管方式创新为抓手,实施"分块管理、网格划分、责任到人"的网格化监管模式。制定《环境监管网格化管理工作实施方案》《环境监察大队内部机构及职责》《环境监察大队岗位职责和责任分工台账》等相关方案、方法,通过建立工作台账,签订《环境监察网格化管理责任表》及各责任人的工作台账的建立。进一步细化了环境监察工作。根据调查,各县(区)现已建立环境监管网格体系、设置污染防治监管台账、明确企业管理网格长、网格员、巡逻员、监督员,制订了日常监管和巡查计划,实行"五定"(定区域、定人员、定职责、定任务、定奖惩)。

6.5.1.2 实行"双随机"抽查执法

根据《河南省环境保护厅关于认真贯彻落实环保部在污染源日常环境监管领域推广随机抽查制度实施方案的通知》(豫环文〔2015〕215号),认真贯彻落实污染源日常监管随机抽查制度,完善了抽查企业名录。建立了针对具有随机抽取功能的污染源日常监管动态信息库,国、省、市控重点企业全部入库,现场检查人员名单全部入库。污染源信息库根据污染源潜在环境风险按重点排污单位、特殊监管对象、一般排污单位分级建设,不同级别的污染源随机抽查比例不同。

开展随机抽查工作。环境监察人员采取实地检查和资料查阅等方式,对企业生产工况、污染防治设施运行管理、环保制度落实情况及固体废物处理处置管理等内容进行检查,对存在违法违规的企业都现场下达了《纠正违法行为通知书》,并及时将检查情况上传至省厅的"双随机"系统,接受上级的检查。

6.5.2 环境监测与监控

济源市和焦作市环境监控信息中心按照《河南省重点污染源自动监控基站运行管理考核细则(试行)》(豫环文〔2011〕170号)和《河南省重点污染源自动监控基站运行考核办法》(豫环文〔2015〕127号)的要求,每月对运营服务单位进行考核。环境监测和执法能力建设保障见表6-49。

6.6 公众参与与信息公开作用评估

济源市生态环境局和焦作市生态环境局每年制定政务公开工作实施方案,及时公开建设项目环境影响评价信息。除涉密项目外,全面公开建设项目环评信息,全文公开环评文件和批复文件;公开建设项目竣工环保验收信息。依据建设项目竣工环境保护验收的有关规定,全文公开建设项目验收信息,全文公开验收批复文件;公开环境污染费征收信息。根据《排污费征收使用管理条例》等法律法规规定,每季度对应征收企业名称、征收时段、征收额进行公示;公开国控企业污染物自动监控信息。依据国家相关文件规定,及时对辖区内国控企业污染物排放情况及排污信息进行公开,公开国家重点监控企业污染源监督性检测信息。按照相关规定,对国家重点监控企业污染源监督性检测信息及时公开,公开群众举报投诉重点环境问题处理情况,行政许可及行政处罚公示。涉及环境保护行政审批、处罚、许可及时公开,见表6-50。

表 6-49　环境监测和执法能力建设保障

建设内容	时间	与标准实施相关措施	与标准协调性
"双随机"执法	2015 年	完善了抽查企业名录、建立了针对全市范围内具有随机抽取功能的污染源日常监管动态信息库,对存在违法违规的企业都现场下达《纠正违法行为通知书》,将检查情况上传至省厅的"双随机"系统	较好
网格化监管	2016 年	《环境监管网格化管理工作实施方案》《环境监察大队内部机构及职责》《环境监察大队岗位职责和责任分工台账》、签订《环境监察网格化管理责任表》	较好
监控系统建设		污染源自动监控设施进行例行检查,每月对运营服务单位进行考核,分阶段在重点河流建设水质自动监测站	较好

表 6-50　信息公开实施要求

公开内容	具体要求	与标准相关性
建设项目环境影响评价信息	落实《建设项目环境影响评价信息公开机制方案》,及时公开建设项目环境影响评价信息。除涉密项目外,全面公开建设项目环评信息,全文公开环评文件和批复文件	高
建设项目竣工环保验收信息	依据建设项目竣工环境保护验收的有关规定,全文公开建设项目验收信息,全文公开验收批复文件	高
环境污染费征收信息	根据《排污费征收使用管理条例》等法律法规规定,每季度对应征收企业名称、征收时段、征收额进行公示	高
国家重点监控企业污染源监督性检测信息	按照相关规定,对国家重点监控企业污染源监督性检测信息及时公开	高
公开群众举报、投诉的重点环境问题处理情况	及时处理	高
行政许可及行政处罚公示	涉及环境保护行政审批、处罚、许可及时公开	高

全方位和高效的信息公开制度为《蟒沁河流域水污染物排放标准》的实施搭建了监督平台,促进了公众参与。

7 流域标准实施效益评估

7.1 环境效益

(1)污染物排放减量化明显。自标准实施后焦作市、济源市区域废水排放总量和废水主要污染物排放量比标准实施前均实现了减排,2017年工业源化学需氧量、氨氮排放量较2011年分别下降83.6%、87.0%。此外,根据济源市和焦作市2017年环境统计数据,通过对蟒沁河流域重点监控企业排放量的监控数据分析,企业均能达到流域排放标准要求排放,主要污染物排放量保持稳定,在污水处理厂排放保持稳定的条件下,流域工业污染物总量实现减排。

(2)污水处理设施建设与改造明显加快。标准实施前,蟒沁河流域有5家集中式污水处理厂,设计处理规模为18.5万t/d,实际处理量12.35万t/d;标准实施后,蟒沁河流域共有污水处理厂9座,其中济源市2座,焦作市7座,设计处理规模为33.5万t/d,实际处理量32.43万t/d;标准实施前后集中式污水处理厂新增4家,废水实际处理量增加了171.26%,同时9座污水处理厂COD、氨氮去除率分别为71.3%~90.74%、87.57%~99.12%,外排水均能达到《蟒沁河流域水污染物排放标准》。《蟒沁河流域水污染物排放标准》为直排标准,主要限制直排入河污染物浓度,自标准实施以来,流域直排企业数呈逐年减少趋势,主要原因一是小、散企业落后产能淘汰;二是不符合排放标准,企业由直排入河改为纳入城镇污水处理厂间接排放,从而控制了污染物入河量。

(3)河流断面水环境质量改善明显。蟒沁河流域排放标准实施以前(2011年),除沁河济源段达到水环境功能区划目标,蟒河全段水质为劣V类,沁河焦作段为V类。根据2011年监测数据,蟒河温县汜水滩断面化学需氧量年均值超标率为83.3%,氨氮年均值超标率为66.7%;沁河武陟渠首断面化学需氧量年均值超标率为16.7%,氨氮年均值超标率为50%。在《蟒沁河流域水污染物排放标准》实施以后,沁河水质逐年好转,到2016年所有监测断面全部达到水环境功能区划目标;蟒河济源曲阳湖断面水质从2014年开始达到水环境功能区划目标,产生了良好的环境效益。

7.2 产业效益

产业结构得到优化。2011年蟒沁河流域三产结构比例为7∶71∶22,第二产业比重较高,第一产业和第三产业比重较低;2017年蟒沁河流域三产结构比例为5∶61∶34。总体分析,2017年蟒沁河流域三产结构较2011年第二产业稳定调整,第三产业快速发展的趋势,经济发展对第二产业依赖性稳中有降。2017年蟒沁河流域GDP总量为2 023亿元,是2011年的1.9倍,年均增长11.2%,人均GDP 7.52万元,数据表明标准实施后,产业结构的变化并未影响经济的发展,产业结构调整效益明显。

传统优势行业转型升级。标准实施前后,流域内制革及毛皮加工业单位产值由0.55

亿元/个提升到 1.14 亿元/个;食品及农副产品加工业企业行业产值由 50.82 亿元增加到 85.23 亿元,单位产值由 1.95 亿元/个提升到 3.70 亿元/个。涉水化工行业企业数量显著增加,从 2011 年的 17 家增加到 35 家,行业产品类型发生较大变化,污染小、附加值高的产业如基础化学原料(聚乙烯、邻氨基苯酚)制造、专项化学品制造、环保材料制造等精细化工企业数量增加,化工产业向高端精细化工迈进。传统行业排污量大幅消减,单位产值提升明显,推进了产业升级、节能增值。

高污染高能耗行业缩减。标准实施前后,流域内造纸和纸制品行业企业家数由 24 家减少到 10 家,产值由 55.47 亿元减少到 10.33 亿元;单位产值从 2.31 亿元/个下降到 0.78 亿元/个。通过标准的实施,不仅企业数量大幅减少,而且造纸原料发生了较大变化,污染排放量大,废水难处理的生料制浆造纸企业被淘汰,以废纸制浆和商品浆为原料造纸的企业数量也大幅减小。流域内 10 家企业中 4 家企业废水经处理后排入污水处理厂再进行二次处理,其余 6 家企业废水经处理后均达到标准规定的浓度要求排放。

7.3 社会效益

流域标准实施为环境执法提供了依据。《蟒沁河流域水污染物排放标准》实施前,流域各行业标准不一,限值差异较大,因子控制不全,无法体现标准"指南针""紧箍咒"的作用。由于依据不充分,执行效果并不理想,流域标准的颁布为济源市、焦作市环境监管和执法提供了依据,统一了直接排放入河企业的排放标准,对污染关键因子进行了控制,符合蟒沁河社会发展和环境改善的需要。

流域标准实施促进民生改善。通过《蟒沁河流域水污染物排放标准》的实施,蟒河和沁河水环境质量得到较大改善,沁河河水水质逐年好转,监测断面大部分达到水环境功能区划目标。水质的改善满足了景观用水条件,提高了居民感官感受,促进了民生改善,提升了人民的幸福感。蟒河、沁河入黄口下游黄河干流为郑州、新乡的集中饮用水源,蟒河入黄河处距郑州市饮用水源二级保护区桃花峪水域 24.7 km,沁河入黄河处距桃花峪水域仅 4.8 km,蟒沁河水质的改善也间接保障了下游的饮水安全。

流域标准实施营造全民治污氛围。通过标准的颁布和实施,使达标排放和污染治理观念深入人心,企业管理者和居民对企业发展和生活环境有了进一步的认识和思考,通过超标排放举报、处罚、公示等手段,促使全民参与环境保护,营造出全民治污的环保氛围。2013~2017 年与蟒沁河污染相关的举报事件显著减少,说明蟒沁河流域水环境整治确实取得了较好成效,百姓认同度比较高。

8 环境形势及修订建议

8.1 环境形势分析

(1)黄河流域生态保护和高质量发展对流域提出更高要求。

2019 年 9 月 18 日,习近平总书记在郑州主持召开黄河流域生态保护和高质量发展座谈会时指出黄河流域生态保护和高质量发展,同京津冀协同发展、长江经济带发展、粤港澳大湾区建设、长三角一体化发展一样,是重大国家战略。黄河流域要坚持"绿水青山就是金山银山"的理念,坚持生态优先、绿色发展,以水而定、量水而行,因地制宜、分类施策,上下游、干支流、左右岸统筹谋划,共同抓好大保护,协同推进大治理,着力加强生态保护治理、保障黄河长治久安、促进全流域高质量发展、改善人民群众生活、保护传承弘扬黄河文化,让黄河成为造福人民的幸福河。蟒沁河流域作为黄河流域河南段的重要组成部分以及涉及河南省经济较发达的地区之一,流域标准需要在污染物减排、产业结构优化、经济发展方式转变等方面不仅要继续发挥重要作用,而且要发挥标准在生态保护与高质量发展的引领作用,对于流域内环境管理、产业发展、水环境质量都要有更高要求。

(2)公众对环境质量的要求越来越高。

环境问题已经是全社会关注的焦点,环境指标是全面小康指标中重要的指标,也是全面建成小康社会能否得到人民认可的一个关键。随着生态文明理念的倡导和环境宣传教育的不断深入,公众环境保护意识日益增强,对高质量生态环境与舒适人居环境的向往也越来越强烈。与流域标准制定时期相比,公众环保意识的觉醒,公众维护自身环境权益的要求与舆论监督的加强,对环境质量的期盼有可能在一定程度上超越目前经济发展阶段和资源环境禀赋;同时要求流域内各级政府在全面建成小康社会目标下,加大生态环境保护投入,加大污染治理和监管力度,稳步改善流域水环境质量、保障公众健康和环境安全稳定,维护生态功能良好。这些都对蟒沁河流域排污单位排污标准提出了更高的要求。

(3)环保目标由"主要污染物排放总量显著减少"转为"生态环境质量总体改善"。

蟒沁河流域污染物排放标准是在"十二五"初期制定的,目前,环境管理目标已由"主要污染物排放总量显著减少"转为"生态环境质量总体改善",更注重与重大发展规划相结合,促进发展方式的转变,强化环境硬约束推动淘汰落后和过剩产能,加强生态环保科技创新体系建设,完善环境标准和技术政策体系。河南省污染攻坚三年行动计划,更是提出到2020年,全省地表水质量达到或优于Ⅲ类水质断面总体比例力争达到70%;消灭劣Ⅴ类水体断面;确保完成国家水质考核目标。蟒沁河流域排放标准作为推进流域水污染防治精细化管理,倒逼产业结构调整升级的重要法律手段,是依据"十二五"初期环境质量目标要求、污染控制技术进展、当时行业的经济承受能力等进行制定的,在全省水环境攻坚关键时期,为推进流域水生态环境质量全面改善目标的逐步实现,需要系统评估流域标准在推进产业转型,解决结构性污染问题,满足蟒沁河流域水环境管理需求等方面的适应性,以期更好地发挥流域排放标准在推进流域水环境质量改善方面的重要作用。

(4)产业转型升级力度不断加快。

"十三五"期间,我国经济进入了新常态,经济呈现出速度变缓、结构优化、动力转换三大特点,消费需求、投资需求等发生趋势性变化。经济增速保持中高速发展,能源需求增速减缓,减轻了环保或减排的压力。产业转型与升级、转变经济增长方式已经逐渐形成共识,经济发展由过去靠资源投入,以牺牲环境为代价换取经济增长转变为依靠创新驱动,靠改革和创新发展经济。"先污染,后治理"的经济旧常态转变为"少污染,强治理"的经济新常态。"十三五"期间,转型发展、产业转型升级也成为了蟒沁河经济工作主线,经济结构将优化升级,高附加值产业、绿色低碳产业、高新技术产业比重将进一步提高。因此,流域标准的评估需要立足行业、产业等特征,深入分析流域主导产业、新兴产业发展趋势、特征污染物变化,结合废水处理技术等进行科学评估。

8.2 存在问题

(1)沁河水环境质量明显改善,蟒河环境质量不容乐观。

流域排放标准通过几年的执行以及其他环境管理措施的执行,沁河环境质量已明显改善,监测断面水质稳定在Ⅲ类,而蟒河水环境质量依然不容乐观,监测断面水质以Ⅴ类为主,其中蟒河温县氾水滩断面的超标因子有化学需氧量、氨氮、溶解氧、高锰酸盐指数、生化需氧量、总磷、氟化物、阴离子表面活性剂,超标率分别为83.3%、66.7%、8.3%、50%、100%、83.3%、25%和91.7%。武陟渠首断面的超标因子有化学需氧量、氨氮、五日生化需氧量、总磷、高锰酸盐指数和阴离子表面活性剂,超标率分别为16.7%、50%、58.3%、16.7%、25%和50%。即超标因子主要有化学需氧量、氨氮、总磷、阴离子表面活性剂等,且超标比例较高,超标率在50%以上。

(2)污染源结构占比发生较大变化,对生活污染源等的控制已是流域水环境质量改善的关键因素。

随着流域污染排放标准的严格执行,各类污染源排放量大幅减少,根据2017年统计显示,蟒沁河流域的工业和生活废水化学需氧量、氨氮削减比例分别达到57.5%、37.7%。但是,流域污染源结构发生较大变化,标准实施前,蟒沁河流域化学需氧量排放量以工业源为主,占59.08%,生活源化学需氧量排放量占40.92%;氨氮排放量以生活源排放为主,占62.48%,工业源排放占37.52%。标准实施后,工业源化学需氧量排放量占22.8%,生活源化学需氧量排放量占77.2%,工业源氨氮排放量占7.83%,生活源氨氮排放量占92.17%,生活污染源成为流域主要污染源。从排水方式看,从分散排水改变为经集中式污水处理厂排入流域占主导,85%以上的废水、化学需氧量、氨氮都是经集中式污水处理厂排放,企业直排占比下降到15%以下。即城镇污水处理厂排放的污染物已成为影响流域水环境质量的主要因素。

(3)流域污染物排放标准不能满足流域管理的需要。

随着流域污染排放标准的严格执行,目前流域内工业企业、污水处理厂基本可以达到流域排放标准的要求,以化学需氧量、氨氮、总氮、五日生化需氧量、总磷、氟化物、阴离子表面活性剂及重金属等指标为代表的工业和城市污染总体上得到遏制,行业规模及结构围绕着清洁绿色生产也发生了较大转变。但目前蟒河水环境监测断面水质仍以Ⅴ类为主,由于蟒河主要作为排污河流,沿途污染物接收量大,而且水体流量小,自净能力弱,既使工业企业、污水处理厂已经达标,也难以满足蟒河水质监测断面达到Ⅳ类水质要求,因此在实际管理中,对于工业企业、污水处理厂按接近Ⅳ类标准要求排放,导致流域排放标准不能满足实际管理需要。

(4)流域河流生态流量不足,水体自净能力较弱。

蟒河、沁河等是黄河的主要支流,是流域沿途城市的主要纳污河流、城市景观河流。河流生态环境质量的维护和保持不仅需要严格污染排放,也需要保证河流合理的生态流量。目前,流域生态流量较小,尤其蟒河,流量小,每年有几个月时间都处于断流状态,由于河流本底污染较重及农业污染源的排放,河流自净能力很弱,工业企业达标排放水源在一定程度上成为稀释蟒河污染的水源,也导致虽然工业企业执行的流域排放标准相较于行业标准已严格较多,但河流水质依然改善不够明显。因此,应加快推进蟒河、沁河生态补水工程,补充河流生态用水,完善水资源配置格局,改善水生态环境。

8.3 标准修订结论与建议

通过评估,蟒沁河流域排放标准在污染因子适应流域现有行业,排污限值等设置上与近几年新发布的《柠檬酸工业水污染物排放标准》(GB 19430—2013)、《合成氨工业水污染物排放标准》(GB 13458—2013)、《石油炼制工业污染物排放标准》(GB 31570—2015)、《无机化学工业污染物排放标准》(GB 31573—2015)等国家行业标准,《合成氨工业水污染物排放标准》(DB 41/538—2017)和《化工行业水污染物间接排放标准》(DB 41/1135—20162)等地方行业标准相比,除总铅、总砷、总镉等第一类污染物限值与《再生铜、铝、铅、锌工业污染物排放标准》(GB 31574—2015)相比较宽松外,基本处于一致,部分甚至加严,在排污因子、排污限值等方面是适应流域的。但是经过五年的执行后,流域污染源占比、流域河流水质、流域管理需求等都发生较大变化。

继续按现行流域排放标准执行,由于蟒河季节性河流、枯水期流量较少且是流域主要污染物受纳水体的特点,蟒河水质依然不容乐观,地方环境管理部门为改善流域水质尤其是蟒河水质采取的按Ⅳ水标准要求管理的措施也缺少执行依据。根据流域排污、污染物排放特点以及最新的相关行业排放标准要求,对现行流域排放标准进行修改,如将再生金属行业的第一类污染物排放限值按照《再生铜、铝、铅、锌工业污染物排放标准》(GB 31574—2015)执行;将污水处理厂统一执行流域排放标准,且对化学需氧量、氨氮、总氮、总磷等超标因子加严执行等,流域涉及济源市及焦作市四县(市)水质及污染特点不同,一刀切的行政管理会带来很多弊端。因此,报告建议结合黄河流域生态保护与高质量发展环保工作部署,对标准进行修订。

主要需修订内容建议如下:

(1)坚持精细管理原则,对流域蟒河、沁河实行分区分类管理。

标准经过五年的执行后,流域水环境质量总体上有了较大改善,但蟒河和沁河由于河流自净能力、纳污情况等不同,水质差异明显,沁河水环境质量较好,断面水质基本处于Ⅲ类;而蟒河水环境质量较差,基本处于Ⅴ类水体,需加强蟒河水环境管理。为了体现管理的科学性、针对性,针对流域排污量以排入蟒河为主,接纳废水、化学需氧量、氨氮量分别约占流域总量的七成以上的特点,参照流域管理标准设置现行体系,依据流域水污染特点及保护要求、排入水体类别或者污水类别进行分区分类控制,对蟒河超标断面区域及流域重点污染源(如城镇污水处理厂等)进行重点控制,提高污染物排放控制要求,执行特别限值。

(2)以水环境控制为目标,优化标准指标体系。

现行标准指标体系制定时,考虑地表水水质评价指标(21项),结合控制现有重点水污染物排放行业和规划的重点发展产业特征污染因子的需要,确定了27项污染控制因子,包括19项地表水质评价指标和7项流域重点水污染物排放行业的特征污染因子和1项流域规划重点发展产业(电子信息产业)的特征污染因子。流域标准修订时,以水环境控制为目标,统筹流域污染物排放标准与国家行业污染物排放标准,与地表水环境监测考核指标充分衔接,保留19项地表水质评价指标和总氮指标,取消行业最高允许排水量以及其余指标,将这些指标作为行业特征指标,执行国家或河南省地方行业污染物排放标准,形成地方流域标准控制常规因子、国家或地方(河南省)行业标准控制特征因子的指标体系,使得指标体系更加精简,标准定位更加明确。

(3)加强公共污水处理厂管理,将污水处理厂执行流域排放标准。

蟒沁河流域水污染物排放标准虽然规定:"适用于蟒沁河流域排污单位水污染物的排放管理,以及建设项目的环境影响评价、环境保护设施设计、竣工验收及其投产后的污水排放管理。排污单位主要是指工业企业和公共污水处理厂"。但根据蟒沁河标准规定,公共污水处理系统排水系统按《城镇污水处理厂污染物排放标准》(GB 18918—2002)一级A标准执行,目前流域主要污染源是生活污染源,流域85%以上的废水、化学需氧量、氨氮都是经集中式污水处理厂排放,企业直排占比下降到15%以下。同时,根据污水处理厂排水水质监测数据,污水处理厂出水基本能达到Ⅳ类水质标准。因此,从污水处理厂实际及管理需要,污水处理厂可考虑执行流域标准,采取特别排放标准,以满足流域管理需要。

(4)对于水质超标区域划分为重点控制区,进一步收严部分污染物限值,采取特别排放限值。

蟒沁河流域中污水排放标准与水环境质量标准差距较大,相互之间缺乏有机联系和对应关系,在现行标准下,即使污水全部达标排放,仍不能满足地表水环境质量标准要求。此外,由于蟒沁河流域尤其蟒河生态基流少,污径比偏高,河流稀释净化能力低,流域水环境纳污总量已超过水环境承载力,稍加排污,就会造成污染。建议在《蟒沁河流域水污染物排放标准》修订时,综合考虑污水防治技术经济可行性,在流域划分重点区和一般区的基础上,提高总磷、COD、氨氮、阴离子表面活性剂等主要污染指标排放标准,使主要污染物排放标准值基本达到地表水Ⅳ类标准值,进一步减少河流纳污负荷,保证河流水质达标。

第七章 案例二 《清潩河流域水污染物排放标准》(DB 41/790—2013)实施评估

1 总 论

1.1 评估背景

清潩河属淮河流域沙颍河水系的颍河支流,流经新郑、长葛、许昌、临颍、鄢陵等县(市),于鄢陵县陶城闸下游汇入颍河。清潩河为沿河区域防洪、排涝、纳污及许昌市城区景观水的重要水体,但流域天然径流匮乏,工业化、城镇化快速发展带来的污染物排放量增加,导致其污染严重、生态功能退化,为控制流域内污染物排放,改善清潩河水质,促进社会经济健康发展,河南省生态环境厅(原河南省环境保护厅)组织河南省环境保护科学研究院、许昌市环境监测站、漯河市环境保护研究所制定了《清潩河流域水污染物排放标准》(DB 41/790—2013)(简称"本标准"),并于 2013 年 7 月 1 日起实施;2015 年 12 月,河南省生态环境厅(原河南省环境保护厅)下发了《河南省环境保护厅关于河南省清潩河流域水污染物排放标准补充实施的通知》(豫环文〔2015〕265 号),对标准实施提出了补充要求。

该标准实施以来,极大地支撑了当地的水环境保护工作,对流域的污染减排、产业结构调整发挥了重要的作用,清潩河流域水环境质量改善明显,但随着社会经济的快速发展,产业结构的变化以及城市人口的不断壮大,清潩河流域水污染及保护形势发生了很大变化。2015 年修订后的《中华人民共和国环境保护法》颁布实施,同时出台了《水污染防治行动计划》(简称"水十条"),2018 年修订后的《中华人民共和国水污染防治法》颁布实施,河南省及清潩河流域也陆续颁布实施了相应的法律法规及相关规划,如《河南省碧水工程行动计划》《河南省水污染防治条例》,这些政策在改善水环境质量、强化流域污染防治、推动经济结构转型升级等方面提出了更高的要求。因此,对本标准实施效果进行评估,全面掌握标准实施的环境效益、经济成本、达标技术和达标率,判断其与当前环境管理需求的匹配性是非常必要的,也便于及时对标准体系进行优化,更好地发挥流域标准的作用。

1.2 评估原则

(1)完整性。

评估内容应覆盖标准宣贯、标准实施和标准实施情况与问题反馈 3 个阶段,具体内容涵盖流域水污染物排放标准的全部内容,包括适用范围、水污染物排放控制要求、水污染物监测要求、实施与监督等。

（2）重点性。

标准评估应对标准制定过程中与标准实施后管理部门、企业和公众普遍反映的问题进行重点关注，对标准执行情况、标准实施的环境效益、经济成本、达标技术和达标率等进行重点评估。

（3）客观性。

评估工作过程应公开、公正、公平，分析所用数据和资料客观、有代表性，分析方法科学合理，论据充分。

（4）广泛参与性。

评估工作应广泛听取环境保护管理部门、行业主管部门或行业协会、排污企业、污染治理公司及行业专家等各方面的意见。

1.3 评估依据

（1）《国家污染物排放标准实施评估工作指南》（试行）（2016 年）。

（2）《国家水污染物排放标准制订技术导则》（HJ 945.2—2018）。

（3）《河南省碧水工程行动计划（水污染防治工作方案）》（豫政〔2015〕86 号）。

（4）《河南省人民政府关于印发河南省污染防治攻坚战三年行动计划（2018～2020 年）的通知》（豫政〔2018〕30 号）。

（5）《河南省辖淮河流域水污染防治攻坚战实施方案（2017～2019 年）》（豫政办〔2017〕5 号）。

（6）《清潩河流域水污染物排放标准》（DB 41/790—2013）。

（7）《许昌市污染防治攻坚战三年行动实施方案（2018—2020 年）》。

（8）《许昌市碧水工程行动计划》（许政〔2016〕52 号）。

（9）《许昌市"十三五"生态环境保护规划》（许政办〔2018〕16 号）。

（10）《许昌市"十三五"工业发展规划（2016—2020 年）》。

（11）《许昌市国民经济和社会发展第十三个五年规划纲要》。

（12）《许昌市清潩河流域"十三五"水污染防治行动计划》。

（13）《许昌市清潩河流域水污染防治攻坚战实施方案》（2017～2019 年）。

（14）《漯河市碧水工程行动计划暨水污染防治工作方案》（漯政〔2016〕13 号）。

（15）《漯河市流域水污染防治攻坚战实施方案》（2016～2020 年）。

（16）《临颍县流域水污染防治攻坚战实施方案》（临政办〔2017〕12 号）。

1.4 评估范围与基础

（1）评估时间。

本标准于 2013 年 5 月发布，7 月开始实施，但标准研究制定的基准年为 2011 年，为有效评估流域标准实施情况，本标准拟以 2013～2018 年为本标准实施情况的重点评估时间，数据未收集到 2018 年的，以 2017 年数据为准，同时辅以 2011 年以来评估本标准实施前后的情况变化。

(2)评估数据来源。

本研究数据来源主要包括许昌市和漯河市的环境统计数据(2011年、2013年、2017年)、2017年污水处理厂在线监测数据、河南省地表水控制断面在线监测数据(2013~2018年)、河南省重点污染源在线监测数据(2011~2018年)。

1.5 评估技术路线

在对清潩河流域相关文件和资料收集的基础上,明确流域标准评估的内容、评估重点、工作步骤,在现有资料初步分析基础上筛选流域内调研地点、企业及现场监测企业,拟定调研方案及调查问卷,在此基础上开展现场调研,收集完善所需资料,对流域标准进行全面评估。

2 流域自然环境与社会经济发展概况

2.1 自然环境概况

2.1.1 水系状况

清潩河属淮河流域沙颍河水系的颍河支流,发源于新郑市辛店西沟草原浅山区,流经长葛、许昌、临颍、鄢陵等县(市),于鄢陵县陶城闸下游汇入颍河。清潩河全长149 km,其中新郑市段38.5 km,许昌市段79 km,漯河市段31.5 km,总流域面积2 362 km²,其中许昌市境内流域面积1 585 km²,占全流域的67%,河道比降为1/200~1/2 000。清潩河流域属伏牛山余脉向豫东平原的过渡带,地势由西北向东南倾斜,西部为伏牛山余脉的浅山丘陵地带,中东部为黄淮冲积平原。

清潩河流域天然径流匮乏,主要靠流域内工业废水、城镇生活污水、自然降水及许昌市段的人工调水为河道补水。虽然上游新郑段有城镇生活污水和煤矿、水泥厂、陶瓷厂工业废水排入,但沿途经过青岗庙、五虎赵、杨庄等多个水库拦截,新郑段常处于断流状态,清潩河流域99%的水源来自许昌市和漯河市。

2.1.1.1 许昌市段

清潩河许昌市段流经长葛市、建安区、魏都区、鄢陵县,主要一级支流有小洪河、石梁河、小泥河、主要二级支流有灞陵河(清泥河)等。2015年许昌市实施水生态文明建设,构建了河湖水系,主要涉及许昌市区的护城河、灞陵河、清潩河、饮马河、天宝河、运粮河、许扶运河、石梁河、小洪河。主要支流水系情况如下。

(1)小洪河。

小洪河属淮河流域,沙颍河水系,颍河支流清潩河的一大支流。小洪河发源于长葛市增福庙乡,先后流经长葛市、建安区、临颍县、鄢陵县。在建安区长村和李庄先后汇入的支流有小马河、小黑河,自北向南穿过建安区东部,经临颍县、鄢陵县后,在临颍县王岗汇入清潩河,全长58 km,集水面积414 km²。

(2)石梁河。

石梁河属于淮河流域沙颍河水系,发源于无梁镇龙门村,于月湾村西北入月湾村水库,出库后自西北向东南流经无梁、古城、郭连、山货,过长葛市石固镇入许昌境内,于浮沱村入清潩河。石梁河全长 40.1 km,集水面积 391 km²,河道比降为 1/1 500。

(3)小泥河。

小泥河发源于椹涧乡三岗寺,东南流经椹涧、榆林、长张村、蒋李集乡,于将官池乡南石庄东入清潩河。

(4)灞陵河。

灞陵河发源于建安区桂村乡东杜村北坡夏庄沟和建安区灵井镇岗南坡灵沟河,在市区王月桥北面夏庄沟和灵沟河汇合,自北向南流经许昌市区西部边缘,先后汇入的支流有幸福渠和运粮河。灞陵河在蒋李集镇北部岗申村汇入小泥河,全长 30.95 km,成水面积 165 km²,其中颍汝总干渠以东河道长 23.2 km,南北纵贯许昌市区西部边缘,河道比降为 1/1 333~1/2 500,是小泥河的主要来源。

(5)运粮河。

运粮河始于王月桥闸以北运粮河引水闸,于阳光大道南汇入灞陵河,河道长 7.1 km,是许昌市京广铁路以西城区主要排水河道。

(6)天宝河。

天宝河水从连通渠东区引水闸阀通过暗管引入,水源来自颍汝干渠,连通渠天宝河供水管道引水至天宝河,管线采用预制钢筋混凝土管,管径 1.2 m。

(7)许扶运河。

许扶运河是许昌市东区主要防洪、排水河道之一,运河西起许昌市塔湾村,东到扶沟县贾鲁河,全长 55 km,是在 1959 年开挖的运河。目的是发展航运,运送粮、煤等大宗物资。

(8)饮马河。

许昌市饮马河位于市区北部,市区河湖水系设计的饮马河段全长 19.12 km。工程完成后形成水面 93.55 万 m²,河槽蓄水 84.98 万 m³,蓄水深度 1.8~2.0 m。

(9)护城河。

护城河分西城河、东城河、北城河和南城河,涉及河湖水系 4.5 km。护城河水源由颍汝干渠供给,引水线路北起高营闸,沿劳动路东侧形成约 2.5 m 宽暗渠,在劳动路与建安大道交叉口与护城河相接,暗渠全线长约 3 km。

2.1.1.2 漯河市段

清潩河漯河市段流经临颍县,总长度 31.5 km,主要支流有新沟河、外沟河、鸡爪沟等。

(1)新沟河。

小洪河在许昌和临颍交界处与小黑河汇合,流入新沟河,全长 24 km,属自然型河道。沿途主要收纳临颍县王孟乡、窝城镇和鄢陵县望田镇生活污水,于临颍县王岗镇宋小庄村汇入清潩河。

(2)外沟河。

外沟河东西向横跨临颍县北部地区,连接老潩河和清潩河,全长 27.4 km。外沟河缺乏天然径流,主要由固厢乡、巨陵镇沿河村镇生活污水补水,常年处于断流状态。

（3）鸡爪沟。

临颖县城区污水经乌江沟、黄龙渠等河流,并在城区全部截留进入县污水处理厂进行处理,后经北马沟出境,在许昌鄢陵县汇入鸡爪沟后,最终汇入清潩河。

2.1.2 气候状况

清潩河流域属暖温带季风气候区,热量资源丰富,雨量充沛,阳光充足,无霜期长。春季干旱多风沙,夏季炎热雨集中,秋季晴和气爽日照长,冬季寒冷少雨雪。历年年平均气温为 14.3~14.6 ℃,极端最高气温 44 ℃,极端最低气温−17.4 ℃。

流域多年平均降水量为 703.3 mm。2017 年,流域降水时空分布极为不均,汛期降水量占全年降水量的 67.1%。降水年际变化幅度较大,最枯年为 1966 年,年降水量只有462.8 mm;最丰年为 1964 年,降水量为 1 157 mm,最丰年与最枯年降水量相差 694.2 mm,倍比 2.5。

2.1.3 地形地貌

清潩河流域位于河南省中部,主要流经许昌市和漯河市临颖县。许昌市属伏牛山余脉向豫东平原的过渡带,地势由西向东倾斜。西部为伏牛山余脉的中低山丘陵地带,最高海拔 1 150.6 m,中部为基底构造缓慢上升和遭受侵蚀而形成的岗区,中东部均为黄淮冲积平原,最低海拔 50.4 m。市域总面积 4 996 km²,其中山区 521.2 km²,丘陵和岗地836.8 km²,平原 3 638 km²,分别占全市总面积的 10.4%、16.8%、72.8%。

临颖县属黄淮平原的一部分,地势平坦,由山前洪积平原和颍河冲积平原组成,有少量残丘。从城西杜曲镇至城东三家店乡的 22.5 km 的黄土岗高于南北西坡 2~3 m,是山前冲积扇被大面积侵蚀切割的孑遗和颍河冲积而成。地貌类型简单,境内地势自西北向东南微倾,地表坡降为 0.58‰,最高海拔 74.2 m,最低海拔为 53 m,平均海拔 63.6 m。境内土质有黑黏土、两合土、黄壤土、黄沙土、淤土,耕作性能好,肥力较高,宜于多种农作物生长。

2.1.4 流域水文特征

清潩河是颍河最大的支流,河道长度 149 km,流域面积 2 362 km²,流经长葛市、建安区、临颖县、鄢陵县,在鄢陵东赵村入颍河。

（1）关庄闸上游段。

关庄闸上游长葛市段全长 15 km,控制流域面积 344 km²。设计标准为 20 年一遇,防洪流量为 336 m³/s,校核标准为 50 年一遇,校核流量为 350 m³/s。设计正常蓄水位 81.80 m,相应蓄水量 50 万 m³,保证泵站运行蓄水位 79.00 m。

（2）关庄闸—浮沱闸河段。

关庄闸—浮沱闸河段位于许昌建安区境内,全长 8 km,由位于许昌市北部建安区浮沱村东南的浮沱闸控制,控制流域面积 765 km²。设计标准为 20 年一遇,防洪流量 550 m³/s,设计排涝标准为 5 年一遇,排涝流量为 302 m³/s,设计正常蓄水位 72.50 m,小黄桥至浮沱闸主河道蓄水面积 8.5 万 m²,蓄水量 24.4 万 m³。

（3）浮沱闸—橡胶二坝河段。

浮沱闸—橡胶二坝河段位于许昌魏都区,全长 10 km,由位于许昌市区前进路跨清潩河桥下游 200 m 处的前进路橡胶坝控制,控制流域面积 794 km²,设计标准为 20 年一遇,设计流量 550 m³/s。坝址处原河底高程为 60.70 m,河底宽 17.0 m,设计坝底板顶高程为

61.70 m,坝底板宽 26.0 m,坝高 5.0 m,坝顶宽 46 m,设计蓄水位 66.50 m,主河道蓄水面积 11 万 m²,相应蓄水量 48.8 万 m³。

(4)橡胶二坝—祖师庙闸河段。

橡胶二坝—祖师庙闸河段位于建安区,全长 4.3 km,由位于许昌市东南部、东城区祖师庙村南、许州路跨清潩河桥上游 120 m 处的祖师庙闸控制,控制流域面积 1 601 km²。设计标准为 20 年一遇,防洪流量为 697 m³/s,校核标准为 50 年一遇,防洪流量为 860 m³/s。正常蓄水位 62.0 m,溢流水位 62.20 m,主河道蓄水面积 12 万 m²,蓄水量 26.7 万 m³。

2.2 社会经济发展概况

2.2.1 人口变化情况

2013 年,本标准颁布初期,清潩河流域常住人口 266.53 万人(见表 7-1),城镇人口 133.22 万人,城镇化率为 49.98%,但建安区、临颍县均低于全省平均水平;截至 2017 年,清潩河流域常住人口 273.06 万人,城镇人口 153.37 万人,城镇化率达到 55.85%,高于全省平均水平。与 2013 年相比,流域内总人口增加了 6.53 万人,城镇人口增加了 20.15 万人,城镇化率提高约 6 个百分点,但建安区和临颍县仍低于全省平均水平。

表 7-1 清潩河流域人口统计

行政分区	2013 年			2017 年		
	常住人口(万人)	城镇人口(万人)	城镇化率(%)	常住人口(万人)	城镇人口(万人)	城镇化率(%)
长葛市	67.48	31.45	46.61	69.36	37.65	54.28
建安区	76.76	25.99	33.86	78.80	32.44	40.96
魏都区	50.46	47.31	93.76	51.64	49.61	96.63
临颍县	71.83	28.47	39.64	73.26	33.88	44.60
流域总计	266.53	133.22	49.98	273.06	153.37	55.85
河南省	9 413	4 123	43.80	9 559	4 795	50.16

注:表中 2013 年数据来自河南、许昌、漯河统计年鉴(2014),2017 年数据来自国民经济发展和社会统计公报。

2.2.2 经济发展情况

2013 年,清潩河流域 GDP 1 180.78 亿元,人均 GDP 4.43 万元,三产结构为 8:71:21,与全省三产结构 13:55:32 相比,第二产业比重较高,第一产业和第三产业比重较低,表明流域工业水平较高。2017 年,清潩河流域 GDP 1 620.59 亿元,人均 GDP 6.04 万元,三产结构为 5:64:31,与 2013 年相比,第一产业和第二产业比重下降,第三产业比重提高,表明流域社会经济水平提高;与全省三产结构 9:48:43 相比,以工业为主的第二产业比重仍然偏高。

3 综合评估方案设计

3.1 评估对象

根据《国家污染物排放标准实施评估工作指南》(试行)要求,评估对象应覆盖本标准的全部内容,包括适用范围、规范性引用文件、术语和定义、污染物项目和限值、污染物监测要求、实施与监督。其中,重点评估对象包括流域工业和城镇生活污水排放限值、监测、监控要求等。具体包括以下几项。

3.1.1 公共污水处理系统

通过纳污管道等方式收集污水,为两家以上排污单位提供污水处理服务的企业或机构,包括各种规模和类型的城镇污水处理厂、区域(包括各类工业园区、开发区、产业集聚区、工业聚集地等)污水处理厂。截至 2018 年年底,清溪河流域公共污水处理厂共 9 个。

3.1.2 排污单位

通过对清溪河流域重点行业污染物排放特征分析,清溪河流域水污染物排放主要来自造纸业、农副食品加工业、皮革业、纺织业、档发业,它们仍然是清溪河流域重点工业污染源。因此,本次评估的对象主要选取重点行业中的典型企业,包括标准实施之前已投产或环评文件已通过审批的排污单位或生产设施,标准实施后环评文件通过审批的新建、扩建、改建的生产设施建设项目,除公共污水处理系统外的排污单位或生产设施等。

3.2 评估时间

本标准于 2013 年 5 月发布,7 月开始实施,但标准研究制定的基准年为 2011 年,为有效评估流域标准实施情况,本标准拟以 2013~2017 年为本标准实施情况的重点评估时间,并辅以 2011 年以评估本标准实施前后的情况变化。

3.3 评估内容

根据《国家污染物排放标准实施评估工作指南》(试行),流域标准评估的重点内容包括达标情况评估、技术经济分析评估、环境效益评估、社会效益评估等。

3.3.1 达标情况分析评估内容

达标情况分析评估内容包括标准执行总体情况和达标情况分析。

3.3.1.1 标准执行总体情况

要求汇总分析流域内试行执行标准(包括地方标准)的情况,对比分析实际执行标准和被评估标准规定的污染物项目及限值、环境管理要求等差异。

3.3.1.2 达标情况分析

基于现有收集数据和典型企业监测数据的统计分析,给出被评估标准各单项因子的达标率和全因子达标率(要求所用数据来源统一)。针对被评估标准在执行过程中达标和超标的情况,从技术、经济、企业内部管理以及环境监管等方面,分析其原因。原因分析应结合典型企业情况,给出具体的达标或超标原因。

3.3.2 技术经济分析评估内容

3.3.2.1 技术可达性分析

列出流域内不同行业污染物达标排放采取的主要治理技术,分析不同技术的适用性和污染治理效果,并给出相应的企业案例。结合典型污染治理技术的应用情况,对企业执行标准过程中的达标情况、技术可达性进行说明。

3.3.2.2 经济可行性分析

结合典型企业做案例分析,从费用测算和经济效益测算方面对典型企业的达标成本进行剖析,确定企业或行业增加的成本可接受度的基线。

3.3.2.3 环境效益评估内容

重点从标准实施后污染物排放量的变化情况开展评估。

3.3.2.4 社会效益评估

重点从污染事件是否减少、群众投诉是否减少等方面开展评估。

4 流域水污染物排放与水环境状况变化分析

4.1 污染物排放特征变化分析

4.1.1 污染源结构特征分析

标准实施前后污染源结构变化情况见表7-2。

表 7-2　标准实施前后污染源结构变化情况

类型		2011 年		2013 年		2017 年	
		排放量	占流域比例（%）	排放量	占流域比例（%）	排放量	占流域比例（%）
废水排放量（万 t/年）	工业源	4 452.9	22.93	2 928.40	16.09	1 161.37	6.30
	城镇生活源	14 965.79	77.07	15 266.49	83.91	17 277.85	93.70
	合计	19 418.69	100	18 194.89	100	18 439.22	100
COD 排放量（t/年）	工业源	5 486.5	12.23	2 539.29	6.10	470.35	3.14
	城镇生活源	17 192.50	38.33	17 733.76	42.63	10 564.04	70.42
	面源	22 178	49.44	21 324.62	51.26	5 477.84	36.52
	合计	44 857	100	41 597.67	100	15 000.64	100
氨氮排放量（t/年）	工业源	256.4	5.19	126.53	2.58	18.6	0.91
	城镇生活源	2 731.08	55.24	2 821.29	57.46	1 434.88	70.26
	面源	1 956.9	39.58	1 962.50	39.97	588.67	28.83
	合计	4 944.38	100	4 910.32	100	2 042.15	100

（1）污染源排放量变化明显:废水总排放量呈波动趋势,工业废水及 COD、氨氮的排

放量逐年降低。

从废水排放量来看,实施后期(2017年),废水总排放量与实施前(2011年)和实施前期(2013年)相比,废水总排放量由于生活源和面源废水量的增加,明显升高;工业废水在本标准实施后,排污企业为实现达标排放,对生产工艺进行了清洁化改造,降低了单位产品排水量,工业排水量逐年下降,从2011年的4452.9万t/年降低到了2017年的1161.37万t/年,降低幅度达到73.9%。

从COD和氨氮排放量来看,本标准的实施一定程度约束了企业排污行为,降低了水污染物排放浓度和排放量,使得COD和氨氮总排放量及工业排放量都呈现出逐年降低趋势。其中,从COD排放量来看,COD总排放量降低了60.1%,而工业COD排放量从2011年的5486.5t/年降低到了2017年的470.35t/年,降低幅度为91.4%;从氨氮排放量来看,本标准实施以来,氨氮总排放量呈现出逐年下降趋势,从2011~2017年下降了74.0%;工业氨氮排放量同样呈现逐年下降的趋势,从2011~2017年共下降了92.7%。

(2)污染源结构发生变化:由标准制定前(2011年)的城镇生活源和工业源相当逐渐转变为实施后期(2017年)的以城镇生活源为主导。

根据统计,本标准实施以来,各项污染物工业排放量所占流域排放总量比例都呈现出逐年下降的趋势。其中,工业废水排放量占比下降幅度最大,从2011年的22.93%下降到2017年的6.30%,工业氨氮和COD排放量占比分别从2011年的5.19%、12.23%下降到2017年的0.91%和3.14%。

4.1.2 工业源空间分布特征

标准实施后,工业源空间分布无明显变化,而污染排放重点区域发生变化,由魏都区和建安区基本均等分布转变为以建安区和临颖县为主(见表7-3)。

(1)工业源空间分布无明显变化。清潩河流域2011年重要工业源主要分布在建安区、魏都区和经开区,标准实施后(2017年)重要工业源仍是主要集中在这三个区域,但是在示范区和东城区新增了5个工业源,两地区企业数量总占比不超过5%。

(2)污染排放重点区域发生变化。标准实施初期,废水和COD排放主要集中在魏都区和建安区,两区域排放占到了清潩河流域的80%以上,其他区域分布较少,氨氮排放主要区域为建安区;标准实施后期(2017年),废水、COD和氨氮排放重点排污区域转变为以建安区为主,其他地区分布相对较少,总磷排放主要来自漯河临颖县,主要原因与临颖县传统食品产业有关。

4.1.3 重点行业污染物排放特征变化分析

标准实施后,清潩河流域重点行业污染物排放特征发生变化,虽然排污排名前十行业未发生改变,企业数量变化较小,但污染排放主要行业从原先的制浆及造纸行业转变为煤炭开采和洗选业、制浆及造纸业、文教、工美、体育和娱乐用品制造业三个行业相当(见表7-4)。

表 7-3 标准实施前后清潩河流域工业源污染排放空间分布统计

行政分区	企业数量（家）				废水排放量（万t/a）				COD排放量（t/a）				氨氮排放量（t/a）				总磷排放量（t/a）			
	2013年		2017年		2013年		2017年		2013年		2017年		2013年		2017年		2013年		2017年	
	数量	占比	数量	占比	数量	占比	数量	占比	数量	占比	数量	占比	数量	占比	数量	占比	数量	占比	数量	占比
长葛市	13	10.6%	17	10.8%	154.41	5.3%	129.46	11.1%	166.27	6.5%	82.13	17.4%	26.63	21.0%	2.42	13.3%	—	—	0.01	0.3%
建安区	30	24.4%	52	33.1%	1 109.62	37.9%	469.87	40.3%	846.66	33.3%	174.48	36.9%	54.61	43.2%	7.09	39.1%	—	—	0.38	9.5%
魏都区	26	21.1%	29	18.5%	1 265.33	43.2%	221.38	19.0%	1 306.63	51.5%	89.38	18.9%	26.24	20.7%	3.17	17.5%	—	—	0.16	4.0%
示范区	—	—	2	1.3%	—	—	15.3	1.3%	—	—	3.73	0.8%	—	—	0.17	0.9%	—	—	0.02	0.5%
东城区	1	0.8%	3	1.9%	57.8	2.0%	89.36	7.7%	3.88	0.2%	29.84	6.3%	0	0	1.36	7.5%	—	—	0.01	0.3%
经开区	33	26.8%	34	21.7%	171.13	5.8%	103.35	8.9%	52.5	2.1%	31.36	6.6%	5.9	4.7%	1.82	10.0%	—	—	0.19	4.8%
临颍县	20	16.3%	20	12.7%	170.12	5.8%	137.82	11.8%	163.36	6.4%	61.88	13.1%	13.17	10.4%	2.1	11.6%	—	—	3.22	80.7%
总计	123	100%	157	100%	2 928.4	100%	1 161.37	100%	2 539.3	100%	470.35	101%	126.53	100%	18.6	97%	—	—	3.99	100%

表 7-4 标准实施后清漾河流域重点行业污染物排放特征情况

序号	行业	企业数量（家）				废水排放量（万t/a）				COD 排放量（t/a）				氨氮排放量（t/a）			
		2013 年		2017 年		2013 年		2017 年		2013 年		2017 年		2013 年		2017 年	
		数量	占比(%)	数量	占比(%)	数量	占比(%)	数量	占比(%)	数量	占比(%)	数量	占比(%)	数量	占比(%)	数量	占比(%)
1	煤炭开采和洗选业	1	0.81	1	0.64	615.4	21.01	300	25.83	298	11.74	126	26.79	6.91	5.46	4.46	23.98
2	文教、工美、体育和娱乐用品制造业	41	33.33	68	43.31	206.88	7.06	166.34	14.32	142.21	5.60	83.12	17.67	13.19	10.42	2.92	15.70
3	制浆及造纸业	5	4.07	3	1.91	1 383.8	47.25	190.01	16.36	1 413.07	55.65	80.21	17.05	30.98	24.48	2.76	14.84
4	农副食品加工业	7	5.69	4	2.55	121.63	4.15	86.06	7.41	187.29	7.38	28.22	6.00	19.16	15.14	1.56	8.39
5	纺织业	14	11.38	7	4.46	109.48	3.74	8.13	0.70	145.49	5.73	30.96	6.58	21.67	17.13	0.18	0.97
6	酒、饮料和精制茶制造业	4	3.25	4	2.55	103.64	3.54	38.4	3.31	79.74	3.14	17.29	3.68	4.93	3.90	0.16	0.86
7	皮革、毛皮、羽毛及其制品和制鞋业	2	1.63	1	0.64	72.5	2.48	21.6	1.86	89.6	3.53	10.58	2.25	15.3	12.09	0.37	1.99
8	化学原料和化学制品制造业	4	3.25	10	6.37	6.59	0.23	44.97	3.87	4.84	0.19	17.91	3.81	0.64	0.51	1.34	7.20
9	烟草制品业	2	1.63	3	1.91	55.29	1.89	41.14	3.54	35.09	1.38	9.19	1.95	1.65	1.30	0.45	2.42
10	食品制造业	10	8.13	6	3.82	20.82	0.71	41.17	3.54	33.37	1.31	16.23	3.45	1.66	1.31	1	5.38
11	其他行业	33	26.83	49	31.21	232.37	7.94	223.55	19.25	110.59	4.36	50.64	10.77	10.44	8.25	3.4	18.28
	合计	123	100	157	100	2 928.4	100	1 161.37	100	2 539.29	100	470.35	100	126.53	100	18.6	100

根据 2013 年环境统计数据,标准实施初期,清漠河流域重点工业源污染排放量最大的是制浆及造纸业,其废水、COD 和氨氮排放量分别占清漠河流域的 47.25%、55.65% 和 24.48%,达到了流域排放量的一半左右,其次是煤炭开采和洗选行业;根据 2017 年环境统计数据统计,标准实施后,造纸行业占比大幅降低,污染物排放量转变为以煤炭开采和洗选行业最为突出,其次是造纸和纸制品业,文教、工美、体育和娱乐用品制造业,且三者相差不多,各项污染物排放量占清漠河流域的 10%~25%。

4.1.4 清漠河流域重点行业排放方式分析

标准实施后,重点行业排放方式为间排的数量增加,直排数量减少,重点行业污染物排放量由直排排放与间接排放几乎持平转变为以间接排放为主导,直接排放企业行业发生了重大变化,制浆及造纸业、纺织印染业不再是流域内重点工业源,煤炭开采和洗选业,文教、工美、体育和娱乐用品制造业(发制品),皮革、毛皮、羽毛及其制品和制鞋业三个行业成为流域直排重点行业。

(1)排放方式由直接排放转变为以间接排放为主。根据清漠河流域县市 2013 年和 2017 年环境统计数据,2013 年直排废水、COD 和氨氮的排放量比间排略大,但相差不多,占比为 50%~60%;标准实施后(2017 年),由于标准对直排源排放限值的约束,配合流域内环境规划、行业转型等相关政策,一定程度上促使企业"入园入区",污染物以间排方式排放所占比例明显升高,废水、COD 和氨氮的排放量占比达到了 60%~75%,成为清漠河流域污染排放的主要方式(见表 7-5)。

(2)直接排放企业行业类别发生了重大变化。从清漠河流域直接排放企业所属行业来看,从 2013 年涉及的煤炭开采和洗选业,制浆及造纸业,纺织印染业,农副食品加工业,皮革、毛皮、羽毛及其制品和制鞋业等 11 个行业减少至 2017 年的 7 个行业,原先的轮胎制造、卫生陶瓷业、食品加工业、化学原料制造行业及文教、工美、体育和娱乐用品制造业在 2017 年无直排量,新增了模具制作行业;从行业直排重点源来看,制浆及造纸业、纺织印染业不再是流域内重点直排工业源,煤炭开采和洗选业,文教、工美、体育和娱乐用品制造业(发制品),皮革、毛皮、羽毛及其制品和制鞋业三个行业污染物负荷占整个流域直接排放企业的 97% 以上(见表 7-6)。

(3)直排企业数量减半,多数停产,部分改为间接排放。标准实施初期(2013 年),原有直排企业 29 家,直到 2017 年,有 6 家进入污水处理厂,16 家停产,同时新建 10 家直排企业,从 2013~2017 年,直排企业数量共减少 12 家(见表 7-7)。

参考《环境影响评价技术导则 地表水环境》(HJ/T 2.3—93)、《水污染物排放总量监测技术规范》(HJ/T 92—2002)和《第一次全国污染源普查工业污染源产排污系数手册》,分析现有各直排行业的行业特征因子,具体如表 7-8 所示。

表 7-5　清溪河流域直接排放企业污染排放情况

序号	排放方式	企业数量（家）				废水排放量（万 t/a）				COD 排放量（t/a）				氨氮排放量（t/a）			
		2013 年		2017 年		2013 年		2017 年		2013 年		2017 年		2013 年		2017 年	
		数量	占比（%）	数量	占比（%）	数量	占比（%）	数量	占比（%）	数量	占比（%）	数量	占比（%）	数量	占比（%）	数量	占比（%）
1	直排	29	23.58	8	5.41	1 567.38	53.52	329.9	28.41	1 279.6	50.39	140.2	29.81	75.44	59.62	5.1	72.58
2	间排	94	76.42	140	94.59	1 361.02	46.48	831.47	71.59	1 259.69	49.61	330.15	70.19	51.09	40.38	13.5	27.42
	合计	123	100.00	148	100.00	2 928.4	100.00	1 161.37	100.00	2 539.29	100.00	470.35	100.00	126.53	100.00	18.6	100

表 7-6 清溪河流域直接排放企业污染排放情况

序号	行业	企业数量（家）				废水排放量（万 t/a）				COD 排放量（t/a）				氨氮排放量（t/a）			
		2013 年		2017 年		2013 年		2017 年		2013 年		2017 年		2013 年		2017 年	
		数量	占比（%）	数量	占比（%）	数量	占比（%）	数量	占比（%）	数量	占比（%）	数量	占比（%）	数量	占比（%）	数量	占比（%）
1	农副食品加工	5	17.24	2	25.00	77.63	4.95	3.3	1.00	136.28	10.41	2.92	2.08	10.72	14.36	0.27	5.16
2	制浆及造纸业	2	6.90	1	12.50	652	41.60	0.24	0.07	580.24	44.32	0.08	0.06	19.27	25.81	0.01	0.19
3	轮胎制造	1	3.45	—	0	2.45	0.16	—	0	4.73	0.36	—	0	0.04	0.05	—	0
4	卫生陶瓷制品制造	5	17.24	—	0	5.7	0.36	—	0	7.2	0.55	—	0	0.61	0.82	—	0
5	文教、工美、体育和娱乐用品制造业	3	10.34	—	0	9.96	0.64	—	0	41.25	3.15	—	0	0.19	0.25	—	0
6	食品制造业	1	3.45	—	0	3.3	0.21	—	0	4.95	0.38	—	0	0.22	0.29	—	0
7	煤炭开采和洗选业	1	3.45	1	12.50	615.4	39.26	300	90.93	298	22.76	126	89.57	6.91	9.26	4.46	85.28
8	纺织印染	7	24.14	1	12.50	89.38	5.70	1.01	0.31	137.6	10.51	0.43	0.31	20.89	27.98	0.02	0.38
9	电力生产	2	6.90	1	12.50	38.67	2.47	3.73	1.13	9.32	0.71	0.62	0.44	0.5	0.67	0.1	1.91
10	皮革、毛皮、羽毛及其制品和制鞋业	1	3.45	1	12.50	72	4.59	21.6	6.55	89.6	6.84	10.58	7.52	15.3	20.50	0.37	7.07
11	模具制作	—	0	1	12.50	—	0	0.03	0.01	—	0	0.04	0.03	—	0	0	0
12	化学原料制造	1	3.45	0	0.00	0.89	0.06	—	0.00	0	0.00	—	0.00	0	0.00	0	0
	总计	29	100.00	8	100.00	1 567.38	100.00	329.91	100.00	1 309.17	100.00	140.67	100.00	74.65	100.00	5.23	100

表 7-7　清溪河流域直接排放企业排放去向变化情况

序号	行业	原有直排企业数量（2013 年）	现有直排企业数量（2017 年）	减少数量	原有直排进入污水处理厂数量	停产直排企业数量	新建直排企业数量（家）
1	农副食品加工	5	2	3	1	3	1
2	制浆及造纸业	2	1	1	0	2	1
3	轮胎制造	1	—	1	0	1	0
4	卫生陶瓷制品制造	5	—	5	1	4	0
5	文教、工美、体育和娱乐用品制造业	3	9	-7	1	2	9
6	食品制造业	1	—	1	0	1	0
7	煤炭开采和洗选业	1	1	0	0	0	0
8	纺织印染	7	1	6	3	4	1
9	电力生产	2	1	1	0	1	0
10	皮革、毛皮、羽毛及其制品和制鞋业	1	1	0	0	0	0
11	模具制作	—	1	-1	0	0	1
12	化学原料制造	1	—	1	0	1	0
	合计	29	17	12	6	16	10

表 7-8　清溪河目前各直排行业特征因子

序号	行业	特征因子
1	农副食品加工	pH、SS、COD、BOD_5、水温、氨氮、溶解氧、挥发性酚、磷酸盐、大肠杆菌数、含盐量
2	制浆及造纸业	pH、SS、COD、BOD_5、挥发性酚、水温、木质素、色度、硫化物、铅、汞
3	煤炭开采和洗选业	pH、SS、COD、BOD_5、溶解氧、水温、砷、硫化物
4	纺织印染	pH、SS、COD、BOD_5、水温、挥发酚、硫化物、苯胺类、色度、六价铬
5	电力生产	pH、SS、硫化物、挥发酚、砷、水温、铅、镉、铜、石油类、氟化物
6	皮革、毛皮、羽毛及其制品和制鞋业	pH、SS、COD、BOD_5、水温、硫化物、氯化物、总铬、六价铬、色度
7	模具制作	COD、重金属类、石油类

4.2 污水处理厂建设运行情况分析

4.2.1 分布概况

标准实施以来,城镇污水处理厂数量增加,收水范围扩大(见表7-9)。标准实施前,清潩河流域共有6家污水处理厂运行并投产,包括4家城镇生活污水处理厂和2家工业园区污水处理厂,主要覆盖到长葛市城区(2家)、建安区(2家)、魏都区(1家)和临颍县城区(1家)等区域。标准实施后,新建成投运了3家污水处理厂,包括2家城镇生活污水处理厂和1家工业园区污水处理厂,即许昌市屯南污水处理厂、许昌市东城三达水务有限公司和中原环保同生漯河水务有限公司(工业园区)三个污水处理厂,在原先的基础上增加收集了许昌市东城区(1家)、经开区(1家)和临颍县产业集聚区(1家)的废水,扩大了收水范围。

4.2.2 污水处理概况

标准实施后,污水处理厂数量增加,废水处理量显著提高,水污染物排放浓度明显降低。本标准实施初期(2013年),清潩河流域建成并投运污水处理厂有6座,其中许昌5座,漯河市临颍县1座,设计总规模23.7万t/d,废水排放量8 650.5万t/a,见表7-10。2017年,清潩河流域建成并投运污水处理厂9座,总处理能力达到44.5万t/d,其中许昌7座,漯河市临颍县2座。废水处理量提高至15 210.93万t/a,所占流域废水排放比例越来越大,污水处理厂逐渐成为清潩河流域主要污染源,见表7-11。

4.3 流域水质特征分析

2017年,清潩河流域共布设监测断面18个,其中清潩河干流5个,支流13个。其中临颍高村桥断面是省政府对许昌市的责任目标考核断面,鄢陵陶城闸断面是省政府对漯河市的责任目标考核断面,具体情况如下。

4.3.1 水质逐年变化情况分析

省控断面水质逐年好转,由Ⅴ类或劣Ⅴ类稳定提升至Ⅳ类。根据河南省控制断面在线监测数据,2013年和2014年,清潩河高村桥断面水质为劣Ⅴ类,COD、氨氮、总磷均有不同程度的超标,陶城闸断面水质能稳定保持在Ⅴ类;标准实施后,企业排污受到本标准一定程度的约束,再加上流域相继推出碧水工程行动计划、污染防治攻坚战等治水方案,结合清潩河综合整治行动计划、许昌市河流清洁行动计划、许昌市水生态文明建设等实施了污水处理厂建设、企业改造升级、人工湿地建设、河道修复、水环境管理平台构建等工程措施和管理措施,加强水环境管理,综合整治水污染,促使两断面水质均逐渐好转,高村桥断面和陶城闸断面均从2015年Ⅴ类水质逐渐提升为2017年的Ⅳ类水质,水质不断提升,也一定程度上反映出本标准实施对流域水质改善有一定的促进作用。2013~2017年两断面水质变化情况如表7-12中所示。

表 7-9 清潩河流域污水处理厂基本信息

序号	污水处理厂名称	所在地市	分布位置	收水范围	污水处理厂性质	废水排放方向	投运时间
1	长葛市污水净化有限公司	长葛市	长葛市金桥办事处钟繇大道南段东侧	长葛市城区	城镇生活污水处理厂	清潩河	2001年5月
2	建安区三达水务有限公司	建安区	建安区尚集昌盛西路西段	规划的京广铁路以东区域、北苑大道以南、京珠高速以西、永兴西路、尚集北街以北的区域和河乡镇区	城镇生活污水处理厂	清潩河	2009年9月/2015年5月
3	许昌宏源污水处理有限公司	魏都区	魏都区产业集聚区永昌东桥100 m路南	主要接收园区企业工业污水及事业单位和辛张、组庄等社区生活污水	工业园区污水处理厂	清潩河	2004年11月
4	许昌市瑞贝卡污水处理厂	建安区	东城区学院南路66号	(1)铁西区,分别以五一路和延安路为干管,自南排至工农路泵站,由泵站传输到污水处理厂；(2)铁东区,分别以文峰路和劳动路为干管,向南排至新兴路泵站,由泵站传输到污水处理厂；(3)工业园区以南二环为干管,向东排至京广铁路立交桥,由泵站传输到污水处理厂；(4)新区,分别以新东路、学院路、南二环路为干管,向南排至清潩河桥头,由泵站传输到污水处理厂；(5)许昌县区,分别以南环路、瑞贝卡大道为干管,直接接入污水处理厂	城镇生活污水处理厂	清潩河	2000年12月/2009年6月

续表 7-9

序号	污水处理厂名称	所在地市	分布位置	收水范围	污水处理厂性质	废水排放方向	投运时间
5	许昌市屯南污水处理厂	经开区	经济技术开发区龙湖街道办事处工农路与端昌路交叉口西南角	一期工程主要收水范围主要包括许昌经济开发区规划区域内许由路以南,南外环路以北,京广铁路以西和魏都区辛福渠以南,清泥河以西,新兴路以北,西环路以东的规划区域。该区域总规划面积22.4 km²	城镇生活污水处理厂	灞陵河	2013年12月/2018年4月
6	长葛市城南污水净化有限公司(长葛市清源水净化有限公司)	长葛市	长葛市魏武路南段东侧	长葛市城区、长葛市产业集聚区	工业园区污水处理厂	小洪河	2012年12月
7	许昌市东城三达水务有限公司	东城区	东城区新兴东路与中原路交叉口	北外环路以南,京珠高速以东,端贝卡大道以北(邓庄组团+光伏产业园)的生活污水和工业废水	城镇生活污水处理厂	小洪河	2013年12月
8	中原环保同生漯河水务有限公司	临颍县	临颍县产业集聚区经一路中段	主要接收产业集聚区及新城区工业废水和生活污水,服务面积约10.2 km²	工业园区污水处理厂	清潩河	2013年1月
9	临颍康达环保水务有限公司	临颍县	临颍县南街村南一公里处	主要接收城区生活污水,服务面积约30 km²	城镇生活污水处理厂	清潩河	2008年7月

表 7-10　2013 年清潩河流域污水处理厂建设运行情况统计

序号	污水处理厂名称	设计规模（万 t/d）	废水处理量（万 t/a）	污染物排放量（t/a）		污染物排放平均浓度（mg/L）	
				COD	氨氮	COD	氨氮
1	长葛市污水净化有限公司	4.5	1 277.5	374.10	32.14	29.60	2.57
2	长葛市城南污水处理厂	2	730	49.04	2.94	28.50	1.74
3	许昌宏源污水处理有限公司	4	657	274.82	0	42.95	0
4	许昌市瑞贝卡污水处理厂	16	4 197.5	1 279.15	130.87	30.39	2.96
5	建安区三达水务有限公司	4	584	165.68	9.22	27.83	1.55
6	临颍康达环保水务有限公司	3	1 204.5	333.63	52.19	27.87	4.37
	流域总计	33.5	8 650.5	2 476.42	227.36	31.19 *	2.20 *

注：数据来源于 2013 年在线监测数据。* 为平均值。

表 7-11　2017 年清潩河流域污水处理厂建设运行情况统计

序号	污水处理厂名称	设计规模（万 t/d）	废水处理量（万 t/d）	污染物排放量（t/a）			污染物排放浓度（mg/L）		
				COD	氨氮	总磷	COD	氨氮	总磷
1	长葛市污水净化有限公司	4.5	1 328.6	389.46	31.35	6.28	29.31	2.36	0.47
2	建安区三达水务有限公司	4	1 149.75	289.08	16.43	2.01	25.13	1.43	0.18
3	许昌宏源污水处理有限公司	3	383.25	132.86	5.69	0.14	34.60	1.48	0.04
4	许昌市瑞贝卡污水处理厂	16	6 051.7	1 282.25	66.50	11.20	21.19	1.10	0.19
5	许昌市屯南污水处理厂	6	2 190	304.71	13.72	3.06	30.37	1.37	0.31
6	长葛市城南污水净化有限公司（长葛市清源水净化有限公司）	2	605.9	203.45	11.53	0.73	27.87	1.58	0.10
7	许昌市东城三达水务有限公司	3	270.1	69.72	3.43	0.19	25.71	1.27	0.18
8	中原环保同生漯河水务有限公司	3	1 252.49	231.84	6.51	2.76	18.51	0.52	0.22
9	临颍康达环保水务有限公司	3	1 979.14	473.41	10.89	2.97	23.92	0.55	0.15
	流域总计	44.5	15 210.93	3 376.78	166.05	29.33	26.29 *	1.30 *	0.20 *

注：数据来源于 2017 年在线监测数据。* 为平均值。

表 7-12 2013~2017 年清漠河省控断面水质变化情况

高村桥

（单位：mg/L）

污染物类型	2013 年			2014 年			2015 年			2016 年			2017 年		
	浓度	水质	超标率（%）	浓度	水质	超标率（%）	浓度	水质	超标率（%）	浓度	水质	超标率（%）	浓度	水质	超标率（%）
pH	7.59	I	0	8.02	I	0	7.71	I	0	7.66	I	0	7.84	I	0
溶解氧	4.85	IV	0	3.53	IV	16.67	5.52	III	0	5.81	III	0	5.58	III	0
高锰酸盐指数	9.27	IV	0	8.53	IV	0	6.68	IV	0	4.74	III	0	4.57	III	0
生化需氧量	6.79	V	16.67	5.33	IV	0	5.32	IV	0	4.56	IV	0	3.74	III	0
氨氮	1.91	IV	50.00	2.43	劣V	66.67	0.54	III	0	0.49	II	0	0.49	II	0
石油类	0.03	I	0	0.03	I	0	0.03	I	0	0.03	I	0	0.01	I	0
挥发酚	0.005 3	IV	0	0.005 5	IV	0	0.005 3	IV	0	0.005 5	IV	0	0.004 1	III	0
汞	0.000 025	I	0	0.000 025	I	0	0.000 02	I	0	0.000 02	I	0	0.000 02	I	0
铅	0.005	I	0	0.005	I	0	0.002 5	I	0	0.001 2	I	0	0.000 8	I	0
化学需氧量	40.66	劣V	58.33	39.72	V	41.67	31.70	V	16.67	24.11	IV	0	19.79	III	0
总磷	0.32	V	25.00	0.51	劣V	41.67	0.40	V	33.33	0.17	III	0	0.17	III	8.33
铜	0.005	I	0	0.005	I	0	0.005	I	0	0.005	I	0	0.003 5	I	0
锌	0.007	I	0	0.003	I	0	0.004	I	0	0.004	I	0	0.005	I	0
氟化物	0.47	I	0	0.47	I	0	0.45	I	0	0.45	I	0	0.49	I	0
硒	0.000 2	I	0	0.000 2	I	0	0.000 3	I	0	0.000 2	I	0	0.000 2	I	0
砷	0.000 3	I	0	0.000 1	I	0	0.000 6	I	0	0.000 4	I	0	0.000 3	I	0
镉	0.001 5	II	0	0.001 5	II	0	0.001 5	II	0	0.001 5	II	0	0.000 42	I	0

续表 7-12

高村桥

污染物类型	2013 年			2014 年			2015 年			2016 年			2017 年		
	浓度	水质	超标率（%）	浓度	水质	超标率（%）	浓度	水质	超标率（%）	浓度	水质	超标率（%）	浓度	水质	超标率（%）
六价铬	0.010	I	0	0.010	I	0	0.009	I	0	0.009	I	0	0.008	I	0
氰化物	0.002	I	0	0.002	I	0	0.002	I	0	0.002	I	0	0.002	I	0
阴离子表面活性剂	0.059	I	0	0.066	I	0	0.102	I	0	0.051	I	0	0.030	I	0
硫化物	0.008	I	0	0.007 3	I	0	0.007 5	I	0	0.011 9	I	0	0.011 0	I	0
粪大肠菌群	—	—	—	—	—	—	—	—	—	3 308	Ⅲ	0	1 372	Ⅱ	0
水质目标		V			V			V			V			V	
评价结果		劣V			劣V			V			Ⅳ			Ⅲ	

2013~2017 年,高村桥和陶城闸断面 COD、氨氮和总磷等部分因子存在一定超标,超标情况逐年好转,至 2017 年各项因子均达标。从年均浓度来看,高村桥断面在 2013 年和 2014 年水质为劣 V 类,未达到 V 类目标,2013 年超标因子是 COD,2014 年是总磷和氨氮,2015 年后水质逐年好转,在 2017 年达到 III 类水,达到了考核目标要求,各项因子年均浓度均达标;陶城闸断面 2013~2015 年和 2016~2017 年水质分别为 V 类和 IV 类,都达到了考核目标要求,各项因子年均浓度均达标,见表 7-13。从超标率来看,2013 年高村桥 COD、氨氮和总磷在 2013 年都存在一定超标,到了 2016 年和 2017 年,各项因子均能达标;陶城闸断面 2014~2016 年,氨氮、COD 和总磷都存在一定超标,在 2016 年,考核目标由原先的 V 类提至 IV 类,其超标率有所提升,且挥发酚也出现了超标,但是到了 2017 年,各项因子均能达标。

4.3.2 沿程水质变化情况分析

从上游到下游,清潩河流域水质逐渐恶化,以橡胶一坝为起点,水质开始成为 IV 类水,达不到水质考核目标要求,主要超标因子是 COD。清潩河共设置 5 个省市控断面,从上游到下游依次为禄马桥、浮沱闸、橡胶一坝、高村桥和陶城闸。清潩河禄马桥断面主要监控上游长葛市段水质,从 2017 年水质监测结果来看,清潩河长葛市出境断面水质较好,可稳定保持在 III 类;浮沱闸断面位于建安区境内,禄马桥至浮沱闸河段经过整治,两岸为宾格石笼护坡,除雨水口外无任何其他污染源,加上浮沱闸上游 1 km 左右有石梁河水汇入,水质可稳定保持在 III 类;橡胶一坝、高村桥和临颍陶城闸断面由于优美发制品有限公司、许昌县一龙纸业有限公司、漯河市兴威食品有限公司等工业源污染的排入,再加上存在人工干扰,部分生活废水直接排入水体,水质成为 IV 类,主要超标因子为 COD,2017 年 5 个省市控断面水质情况具体如表 7-14 所示,直排污染源及断面概化图如图 7-1 所示。清潩河沿程水质变化情况如图 7-2 所示。

4.3.3 支流水质情况

清潩河主要支流水质整体较好,少部分支流未达到考核目标。清潩河主要支流有石梁河、小洪河、灞陵河、运粮河、颍汝干渠、饮马河等,2017 年清潩河支流水质整体较好,6 条支流 13 个监控断面中除小洪河长葛许昌交界、小洪河地方铁路桥、灞陵河许由路桥、灞陵河赵河村桥 4 个断面水质为 IV 类,以及运粮河许由路桥断面水质为 V 类,其余 8 个监测断面水质均为 III 类。可以看出,水质相对较差,断面主要集中在小洪河、灞陵河及二级支流运粮河上,小洪河与灞陵河主要超标因子为 COD,超标倍数不超过 0.2 倍;运粮河超标因子除 COD 外,氨氮超标,相比于 IV 类水标准,氨氮超标 0.3 倍,这与运粮河所在的铁西片区生活废水收水管网不完善、部分生活废水直排入河有关,应完善收水管网,严格控制入河生活污水,2017 年水质监测结果如表 7-15 所示。

表 7-13　2013~2017 年清漠河省陶城闸控制断面水质变化情况

（单位：mg/L）

陶城闸

污染物类型	2013 年			2014 年			2015 年			2016 年			2017 年		
	浓度	水质	超标率（%）	浓度	水质	超标率（%）	浓度	水质	超标率（%）	浓度	水质	超标率（%）	浓度	水质	超标率（%）
pH	7.72	I	0	7.63	I	0	7.53	I	0	7.56	I	0	7.90	I	0
溶解氧	6.82	II	—	6.26	II	0	5.91	III	0	6.25	II	0	8.03	IV	0
高锰酸盐指数	8.09	IV	—	8.54	IV	0	7.18	IV	0	3.99	II	0	4.67	III	0
生化需氧量	5.86	IV	—	4.57	IV	0	4.68	IV	0	3.88	III	0	3.23	III	0
氨氮	1.55	V	—	0.91	III	8.33	0.42	II	8.33	0.19	II	0	0.36	II	0
石油类	0.05	I	—	0.03	I	0	0.03	I	0	0.03	I	0	0.01	I	0
挥发酚	0.007 7	IV	—	0.006 7	IV	0	0.005 8	IV	0	0.007 1	IV	8.33	0.000 2	I	0
汞	0.000 025	I	—	0.000 025	I	0	0.000 02	I	0	0.000 02	I	0	0.000 02	I	0
铅	0.005	I	—	0.005	I	0	0.002 5	I	0	0.002 17	I	0	0.001 12	I	0
化学需氧量	22.1	IV	—	32.13	V	8.33	24.32	IV	8.33	19.95	III	41.67	17.94	III	0
总磷	0.195	III	—	0.20	III	0	0.38	V	16.67	0.26	IV	50.00	0.12	III	0
铜	0.005	I	—	0.005	I	0	0.005	I	0	0.005	I	0	0.003 5	I	0
锌	0.003	I	—	0.003	I	0	0.003	I	0	0.005	I	0	0.004	I	0
氟化物	0.52	I	—	0.49	I	0	0.46	I	0	0.46	I	0	0.51	I	0
硒	0.000 2	I	—	0.000 29	I	0	0.000 24	I	0	0.000 221	I	0	0.000 24	I	0
砷	0.000 1	I	—	0.000 2	I	0	0.001 1	I	0	0.002 3	I	0	0.000 4	I	0
镉	0.001 5	II	—	0.001 5	II	0	0.001 5	III	0	0.001 5	II	0	0.000 42	I	0

续表 7-13

陶城闸

污染物类型	2013 年			2014 年			2015 年			2016 年			2017 年		
	浓度	水质	超标率（%）	浓度	水质	超标率（%）	浓度	水质	超标率（%）	浓度	水质	超标率（%）	浓度	水质	超标率（%）
六价铬	0.01	I	—	0.008	I	0	0.009	I	0	0.011	II	0	0.006	I	0
氰化物	0.002	I	—	0.002	I	0	0.002	I	0	0.002	I	0	0.002	I	0
阴离子表面活性剂	0.025	I	—	0.037	I	0	0.039	I	0	0.025	I	0	0.025	I	0
硫化物	0.01	I	—	0.011 2	I	0	0.008 9	I	0	0.012 1	I	0	0.008 1	I	0
粪大肠菌群	—	—	—	—	—	—	—	—	—	1 598	II	0	1 098	II	0
水质目标		V			V			V			IV			IV	
评价结果		V			V			V			IV			IV	

表 7-14　2017 年清潩河市控断面水质监测结果

序号	断面	水质监测结果（mg/L）			水质评价结果	2020 年水质考核目标
		COD	氨氮	总磷		
1	禄马桥	18.06	0.65	0.25	Ⅲ	Ⅲ
2	浮沱闸	16.77	0.27	0.05	Ⅲ	Ⅲ
3	橡胶一坝	21.08	0.35	0.08	Ⅳ	Ⅲ
4	高村桥	29.39	0.72	0.18	Ⅳ	Ⅲ
5	陶城闸	27.21	0.24	0.16	Ⅳ	Ⅲ

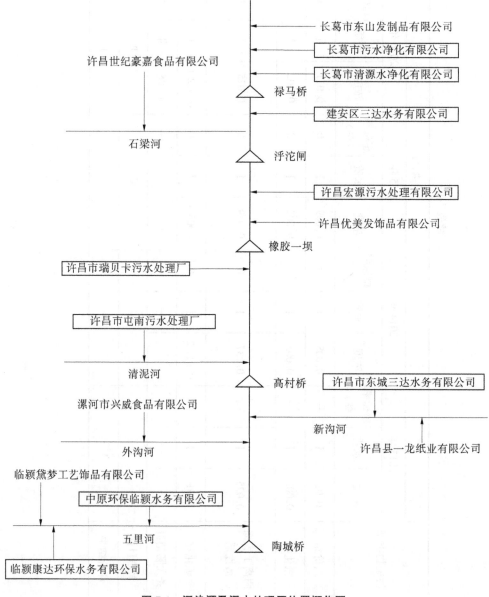

图 7-1　污染源及污水处理厂位置概化图

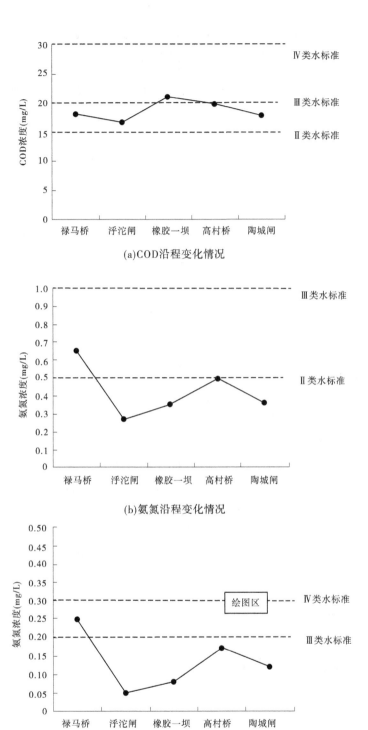

(a)COD沿程变化情况

(b)氨氮沿程变化情况

(c)总磷沿程变化情况

图7-2 清溟河沿程水质变化情况

表 7-15　2017 年清潩河主要支流水质监测结果

序号	河流	断面	水质监测结果（mg/L）			水质评价结果	2020 年考核目标
			COD	氨氮	总磷		
1	石梁河	山货桥	15.76	0.40	0.06	Ⅲ	Ⅲ
2		三张闸	18.49	0.16	0.06	Ⅲ	Ⅲ
3	小洪河	长葛许昌交界	23.47	1.42	0.24	Ⅳ	Ⅲ
4		高速公路桥	19.94	0.72	0.09	Ⅲ	Ⅲ
5		地方铁路桥	20.26	0.96	0.10	Ⅳ	Ⅲ
6	灞陵河	许由路桥	21.77	0.53	0.07	Ⅳ	Ⅲ
7		赵河村桥	23.19	0.99	0.12	Ⅳ	Ⅲ
8		大石桥	20.00	0.68	0.10	Ⅲ	Ⅲ
9	运粮河	许由路桥	22.91	1.90	0.18	Ⅴ	Ⅲ
10	颍汝干渠	坡张闸	15.09	0.14	0.05	Ⅲ	Ⅲ
11		黄龙池闸	16.55	0.19	0.05	Ⅲ	Ⅲ
12	饮马河	新兴路桥	15.63	0.23	0.05	Ⅲ	Ⅲ
13		永昌路桥	15.37	0.27	0.05	Ⅲ	Ⅲ

4.3.4　现状水质情况分析

根据河南省 2018 年控制断面在线监测数据,在 2018 年,高村桥和陶城闸两个省控断面水质进一步提高,达到Ⅲ类水,为保障水质稳定,对标准进行合理的修订是一项重要举措。2018 年控制断面水质如表 7-16 所示。

表 7-16　2018 年清潩河省控断面水质变化情况

高村桥	污染物浓度（mg/L）			评价结果	陶城闸	污染物浓度（mg/L）			评价结果
	COD	氨氮	总磷			COD	氨氮	总磷	
2018 年	15.83	0.91	0.14	Ⅲ	2018 年	19.97	0.56	0.13	Ⅲ

5　流域标准执行情况评估

5.1　标准制订情况回顾性分析

清潩河天然径流匮乏,自身生态功能退化,具有重要的城市景观功能,但水质长期处于劣Ⅴ类。经过多年的大力治理,仍不能满足城市景观用水标准要求,与许昌城市形象建设和民生改善落实不相和谐。为改善清潩河水质,河南省环境保护厅组织河南省环境保护科学研究院、许昌市环境监测站、漯河市环境保护研究所制定并于 2013 年实施了本标准。

5.1.1 标准制订的必要性

清潩河流域标准制订时从责任目标达标需要、挖掘污染减排潜力需要、提升流域发展质量和水平、依法行政的需要、城市形象建设和民生改善的需要、淮河流域水质改善的需要等6个方面说明了标准制订的必要性。

(1)责任目标达标需要。

2011年,清潩河流域省控高村桥断面 COD 超标率100%、NH$_3$-N 超标率49.9%,陶城闸断面 COD 超标率7.7%、NH$_3$-N 超标率51.9%,清潩河的水质距"十二五"水质责任目标要求还有较大差距。

(2)挖掘污染减排潜力需要。

2011年,许昌市 COD、NH$_3$-N 排放量分别为60 340 t/a、6 230 t/a,对照"十二五"期间许昌市减排目标,需减排 COD 5 340 t/a、NH$_3$-N 830 t/a,需制订严格的流域标准,深入挖掘减排潜力,削减存量,控制增量。

(3)提升流域发展质量和水平。

2012年许昌市被省厅区域限批,在许昌市处于新型工业化加速发展时期,需要实施更加严格的环境标准,提升流域发展质量和水平,助力许昌市经济发展、结构优化。

(4)依法行政的需要。

清潩河流域2012年当时实行的水污染物排放标准限值宽松,行业间标准限值差异大,许昌市、临颖县都依靠行政手段大幅加严企业排放限值,但缺少法律依据,需要制订流域标准,使环境管理依据更加充分。

(5)城市形象建设和民生改善的需要。

清潩河是许昌市区重要的景观河道之一,2011年10月,许昌市人大提出:五年时间内,使清潩河达到景观用水标准,制订清潩河流域标准是城市形象建设和民生改善的需要,也是当地政府的迫切需要。

(6)淮河流域水质改善的需要。

"欲治淮河必治沙颖河,欲治沙颖河必治贾鲁河",清潩河是颖河最大的支流,双洎河是贾鲁河最大的支流,在双洎河标准制定之后制定清潩河流域标准对省辖淮河流域污染防治意义重大。

5.1.2 标准定位

清潩河流域标准制定是对国家现行水污染物排放标准的有益补充,是河南省流域水污染物排放标准制定工作的有序推进,与国家现行水污染物排放标准并行且从严执行。主要用于控制流域内工业废水和城镇生活污水的排放,与国家标准和河南省地方标准配套协同,力争在维持现有引汝补源工程尾水的条件下清潩河全境消灭劣 V 类水。

5.1.3 标准控制因子和限值

5.1.3.1 标准控制因子

通过对清潩河流域水质、污染源贡献分析,清潩河流域主要工业废水排放来自于造纸行业,其次还有食品、皮革、纺织、档发等行业。另外,流域内城镇化率明显高于全省平均水平,生活污水排放量大。造纸、食品、皮革、纺织、档发及生活污水排放是清潩河流域水质超标的主要原因,标准制订中需要大力控制。通过对污染物项目进行分析,本着"围绕地表水质改善、抓住地表水21项监控因子,着力控制流域地表水超标因子,考虑水环境生态补偿监测因子,满足总量减排需要,控制流域典型排污行业通用污染控制因子,可量化、可监测"的原则,结合国内相关标准制定情况,本标准确定了23项控制因子,其中第一类污染物6项,第二类污染物17项(见表7-17)。

表7-17　标准筛选确定的控制因子

分类	控制因子
第一类污染物	总汞、总镉、总铬、六价铬、总砷、总铅
第二类污染物	pH、色度、悬浮物、化学需氧量、五日生化需氧量、石油类、氨氮、总氮、总磷、硫化物、挥发酚、氰化物、氟化物、总铜、总锌、总硒、阴离子表面活性剂

5.1.3.2　标准限值

依据《制定地方水污染物排放标准的技术原则与方法》(GB 3839—83),根据控制因子的性质、类别不同,以《地表水环境质量标准》(GB 3838—2002)为目标,结合流域水环境、社会经济环境特点,在建立清漠河流域水质与水污染排放之间的输入、输出响应关系模型,初步确定排放标准限值,类比国内相关标准进行适当修正,采用环境容量校核,并通过典型行业实测资料进一步分析检验,最终确定排放标准限值。标准确定的限制水平整体处于国内相关标准中相对严格水平。

5.2　标准与现行相关标准的对比分析

5.2.1　清漠河流域现行国家及行业标准执行情况评估

清漠河流域涉水行业主要有煤炭开采和洗选业,文教、工美、体育和娱乐用品制造业,农副食品加工业、纺织业、皮革、毛皮、羽毛及其制品和制鞋业,造纸和纸制品业等。

目前,清漠河流域内执行的国家和行业标准共计16项,主要包括综合水污染物排放标准1项,城镇污水处理厂污染物排放标准1项,畜禽养殖水污染物排放标准1项,其余均为对应的行业标准,其中食品及农副产品加工业水污染物排放标准1项,造纸行业类1项,化工行业类1项,医药制造业类3项,其他各类行业标准7项。流域内现行标准具体见表7-18。

表7-18　流域现执行的国家及地方水污染物排放标准

序号	标准编号	标准名称	主要内容	排放限值（mg/L）	
				COD	NH₃-N
一、综合标准					
1	GB 8978—1996	《污水综合排放标准》	规定69项水污染物最高允许排放浓度,其中第一类污染物13项,第二类污染物56项,第二类污染物标准限值分三级	100	15
二、城镇污水处理厂					

续表 7-18

序号	标准编号	标准名称	主要内容	排放限值（mg/L）	
				COD	NH₃-N
2	GB 18918—2002	《城镇污水处理厂污染物排放标准》	规定基本控制项目 19 项和选择控制项目 43 项的最高允许排放浓度（日均值），基本控制项目中的常规污染物（12 项）标准值分三级	50	5
三、畜禽养殖					
3	GB 18596—2001	《畜禽养殖业污染物排放标准》	规定了集约化畜禽养殖业 7 种水污染物排放限值	400	80
四、食品及农副产品加工业					
4	GB 13457—92	《肉类加工工业水污染物排放标准》	从 1992 年 7 月 1 日起新老企业执行统一的第三时段排放限值，包括 7 项水污染物，限值分三级	80	15
五、造纸行业					
5	GB 3544—2008	《制浆造纸工业水污染物排放标准》	从 2011 年 7 月 1 日起新老企业执行第二时段排放限值，包括 10 项水污染物	80	8
六、化工行业					
6	GB 21523—2008	《杂环类农药工业水污染物排放标准》	从 2009 年 7 月 1 日起新老企业执行第二时段排放限值，包括 24 项水污染物	150	15
七、医药制造业					
7	GB 21903—2008	《发酵类制药工业水污染物排放标准》	从 2010 年 7 月 1 日起新老企业执行第二时段排放限值，包括 12 项水污染物	120	35
8	GB 21904—2008	《化学合成类制药工业水污染物排放标准》	从 2010 年 7 月 1 日起新老企业执行第二时段排放限值，包括 25 项水污染物	120	25

序号	标准编号	标准名称	主要内容	排放限值（mg/L）	
				COD	NH₃-N
9	GB 21906—2008	《中药类制药工业水污染物排放标准》	从2010年7月1日起新老企业执行第二时段排放限值，包括14项水污染物	130	10
八、其他行业					
10	GB 4278—2012	《纺织染整工业水污染物排放标准》	现有企业自2015年1月1日起、新建企业自2013年1月1日起执行第二时段标准限值，包括13项水污染物	60	8
11	GB 21900—2008	《电镀污染物排放标准》	从2010年7月1日起新老企业执行第二时段排放限值，包括20项水污染物	80	15
12	GB 25464—2010	《陶瓷工业污染物排放标准》	从2012年1月1日起新老企业执行第二时段排放限值，包括20项水污染物，对直接排放企业和间接排放企业分别设置排放限值	50	3
13	GB 27632—2011	《橡胶制品工业污染物排放标准》	从2012年1月1日至2013年12月31日现有企业执行第一时段排放限值，之后执行第二时段排放标准；从2012年1月1日起新建企业执行第二时段排放限值，包括9项水污染，对直接排放企业和间接排放企业分别设置排放限值	70	10
14	GB 18466—2005	《医疗机构水污染物排放标准》	规定了综合医疗机构水污染物排放限值（日均值），共25项水污染物	60	15
15	GB 26877—2011	《汽车维修业水污染物排放标准》	新老企业自2013年1月1日起执行第二时段标准限值，共9项水污染物，对直接排放企业和间接排放企业分别设置排放限值	60	10

续表 7-18

序号	标准编号	标准名称	主要内容	排放限值（mg/L）	
				COD	NH$_3$-N
16	GB 30486—2013	《制革及毛皮加工工业水污染物排放标准》	新老企业自 2016 年 1 月 1 日起执行第二时段标准限值,共 9 项水污染物,对直接排放企业和间接排放企业分别设置排放限值	100	25

由表 7-18 可知,除《制革及毛皮加工工业水污染物排放标准》(GB 30486—2013)是在本标准之后颁布实施外,其余标准均是在本标准之前颁布实施。各类标准由于针对的控制对象不同,设置的水污染物控制项目及排放限值各不相同,都对 COD 和 NH$_3$-N 设定了限值,COD 的排放限值范围为 50～400 mg/L,NH$_3$-N 的排放限值范围为 3～80 mg/L。从重点行业水污染物排放标准的排放限值可以看出,清漠河流域内 5 大重点行业水污染物排放行业 COD 的排放限值≥50 mg/L,NH$_3$-N 的排放限值≥6 mg/L,如制浆造纸行业 COD 的排放限值为 80 mg/L,NH$_3$-N 的排放限值为 8 mg/L;食品及农副产品加工行业 COD 的排放限值为 60～150 mg/L,NH$_3$-N 的排放限值为 8～15 mg/L;纺织行业 COD 的排放限值范围为 80 mg/L,NH$_3$-N 的排放限值范围为 6 mg/L;制革行业 COD 的排放限值范围为 100 mg/L,NH$_3$-N 的排放限值范围为 25 mg/L;污水处理厂 COD 的排放限值范围为 50 mg/L,NH$_3$-N 的排放限值范围为 5 mg/L。本标准规定直接向环境排放的污水执行"COD 的排放限值范围为 50 mg/L,NH$_3$-N 的排放限值范围为 5 mg/L",严于国家及行业现行标准。

本标准规定,排污单位的单位产品基准排水量执行国家或地方规定的水污染物排放标准,即未对单位产品基准排水量设置特定限值。目前,流域现行国家及行业标准中,设置单位产品基准排水量的标准及相关规定如表 7-19 所示。

表 7-19　相关排放标准中对单位产品基准排水量的规定

序号	标准编号	标准名称	单位产品基准排水量
一、造纸行业			
1	GB 3544—2008	《制浆造纸工业水污染物排放标准》	制浆企业 80 t/t(浆) 废纸制浆和造纸企业 20 t/t(浆) 其他制浆和造纸企业 60 t/t(浆) 造纸企业 20 t/t(浆)

序号	标准编号	标准名称	单位产品基准排水量
二、化工行业			
2	GB 21523—2008	《杂环类农药工业水污染物排放标准》	吡虫啉原药生产企业 200 m³/t 三唑酮原药生产企业 25 m³/t 多菌灵原药生产企业 150 m³/t 百草枯原药生产企业 30 m³/t 莠去津原药生产企业 40 m³/t 氟虫腈原药生产企业 230 m³/t
三、医药制造业			
3	GB 21903—2008	《发酵类制药工业水污染物排放标准》	生产不同类别的发酵类制药产品,单位产品基准排水量不同,具体规定见该标准的表 4
4	GB 21904—2008	《化学合成类制药工业水污染物排放标准》	生产不同类别的化学合成类制药产品,单位产品基准排水量不同,具体规定见该标准的表 4
5	GB 21906—2008	《中药类制药工业水污染物排放标准》	300 m³/t
四、其他行业			
6	GB 4278—2012	《纺织染整工业水污染物排放标准》	棉、麻、化纤及混纺机织物 140 m³/t 标准品 真丝绸机织物(含练白)300 m³/t 标准品 纱线、针织物 85 m³/t 标准品 精梳毛织物 500 m³/t 标准品 粗梳毛织物 575 m³/t 标准品
7	GB 21900—2008	《电镀污染物排放标准》	一般情况:多层镀 500 L/m²(镀件镀层),单层镀 200 L/m²(镀件镀层) 特别限值:多层镀 250 L/m²(镀件镀层),单层镀 100 L/m²(镀件镀层)
8	GB 25464—2010	《陶瓷工业污染物排放标准》	日用及陈设艺术瓷:普通瓷 7.0 m³/吨瓷,骨质瓷 30 m³/吨瓷 建筑陶瓷:抛光 1.0 m³/吨瓷,非抛光 0.3 m³/吨瓷

续表 7-19

序号	标准编号	标准名称	单位产品基准排水量
9	GB 27632—2011	《橡胶制品工业污染物排放标准》	轮胎企业和其他制品企业 9 m^3/t 胶 乳胶制品企业 100 m^3/t 胶
10	GB 26877—2011	《汽车维修业水污染物排放标准》	小型客车 0.014 m^3/辆 小型货车 0.05 m^3/辆 大、中型客车 0.06 m^3/辆 大型货车 0.07 m^3/辆
11	GB 30486—2013	《制革及毛皮加工工业水污染物排放标准》	制革企业 65 m^3/t 原料皮 毛皮加工企业 80 m^3/t 原料皮

5.2.2 河南省流域水污染物排放标准

为促进污染减排、有效改善水环境状况,河南省加快了地方水污染物排放标准的制定步伐,自 2012 年开始,河南省相继发布了《双洎河流域水污染物排放标准》《蟒沁河流域水污染物排放标准》《省辖海河流域水污染物排放标准》《清潩河流域水污染物排放标准》等 8 项地方水污染物排放标准(除《双洎河流域水污染物排放标准》已废止外,其余均为现行标准)。具体见表 7-20。

由表 7-20 可见,从指标类型来看,除《贾鲁河流域水污染物排放标准》(DB 41/908—2014)和《双洎河流域水污染物排放标准》(DB 41/757—2012)与本标准一致外,其余 5 项标准均比本标准控制类型多,其中《省辖海河流域水污染物排放标准》(DB 41/777—2013)最多,比本标准多出 6 项指标,主要涉及苯胺类、硝基苯类、二氯甲烷、动植物油、粪大肠菌群数和总镍。

从适用性来看,蟒沁河、省辖海河、贾鲁河和惠济河的流域标准与本标准规定相同,都是"分行业、分类别"制定限值,即对部分因子不同行业执行不同的标准限值。2016 年颁布的洪河、涧河两个流域标准更注重精细化管理,为"分行业、分类别、分区域"制定限值,即针对不同地区的不同行业执行不同的标准限值。除此以外,海河、洪河、蟒沁河、惠济河的流域标准制定水污染物排放限制的同时,还制定了重点高耗水行业单位产品基准排水量。

从主要控制因子(COD、氨氮、总氮和总磷)限值来看,本标准与其余 7 项标准基本一致,因适用性规定不同,部分地区、行业限值存在差异,如洪河的流域标准规定的流域内其他地区(除舞阳县和舞钢市)COD 排放限值与本标准相比稍微宽松。

表 7-20　河南省已发布的流域水污染物排放标准一览

序号	标准名称	指标类型	主要控制因子限值	适用性	实施年限
1	《清潩河流域水污染物排放标准》（DB 41/790—2013）	23 项	COD 50 mg/L、氨氮 5 mg/L（陶瓷工业 3.0 mg/L）、BOD₅ 10 mg/L、总氮 15 mg/L（制浆造纸 12 mg/L）、总磷 0.5 mg/L	部分因子不同,行业执行不同的标准限值	对现有企业给予 1 年的缓冲期
2	《双洎河流域水污染物排放标准》（DB 41/757—2012）	23 项（同"本标准"）	COD 50 mg/L、氨氮 5（8）mg/L、BOD₅ 10 mg/L、总氮 15 mg/L、总磷 0.5 mg/L	所有工业企业执行统一的排放限值	对现有企业给予 1 年的缓冲期
3	《蟒沁河流域水污染物排放标准》（DB 41/776—2012）	27 项（多出动植物油、粪大肠菌群数、氯乙烯和总镍 4 项）	COD 50 mg/L、氨氮 5（8）mg/L（铝冶炼工业等 3 行业 5.0 mg/L）、BOD₅ 10 mg/L、总氮:15 mg/L（铝冶炼工业等 3 行业 10 mg/L）、总磷 0.5 mg/L	根据行业标准部分因子不同,行业执行不同的标准限值	对现有企业给予 2 年的缓冲期
4	《省辖海河流域水污染物排放标准》（DB 41/777—2013）	29 项（多出苯胺类、硝基苯类、二氯甲烷、动植物油、氯甲烷、动植物油、粪大肠菌群数和总镍 6 项）	COD 50 mg/L、氨氮 5（8）mg/L（铝冶炼工业等 3 行业 5.0 mg/L）、BOD₅ 10 mg/L、总氮 15 mg/L（铝冶炼工业等 3 行业 10 mg/L、总磷 1 mg/L（铝冶炼工业等 19 行业 0.5 mg/L、制浆造纸工业、酵母工业 0.8 mg/L）	对同一控制因子,不同行业执行不同的标准限值	标准分时段执行,对现有企业给予 1 年的缓冲期执行第一时段标准限值,再过 2 年后执行第二时段标准限值;新建企业直接执行第二时段标准限值
5	《贾鲁河流域水污染物排放标准》（DB 41/908—2014）	23 项（同"本标准"）	COD 50 mg/L、氨氮 5 mg/L（陶瓷工业 3.0 mg/L）、BOD₅ 10 mg/L、总氮 15 mg/L（制浆造纸 12 mg/L）、总磷 0.5 mg/L	对同一控制因子,不同行业执行不同的标准限值	标准分区执行,新建公共污水处理系统自 2014 年 6 月 26 日起,郑州市区现有公共污水处理系统自 2016 年 7 月 1 日起,其他地区现有公共污水处理系统自 2016 年 1 月 1 日起,水污染物基本控制项目执行表 1 规定

序号	标准名称	指标类型	主要控制因子限值	适用性	实施年限
6	《惠济河流域水污染物排放标准》(DB 41/918—2014)	25项(多出动植物油、总镍)	COD 50 mg/L、氨氮:5 mg/L(陶瓷工业3 mg/L)、BOD_5 10 mg/L、总氮:15 mg/L(铅冶炼工业、造纸等2行业12 mg/L)、总磷0.5 mg/L	对同一控制因子,不同行业执行不同的标准限值	对现有企业给予2年的缓冲期
7	《涧河流域水污染物排放标准》(DB 41/1258—2016)	24项(多出动植物油)	COD 50 mg/L(陕州区、渑池县煤炭开采40 mg/L)、氨氮:5 mg/L(渑池县食品加工4(5) mg/L)、BOD_5 10 mg/L、总氮:15 mg/L(铅冶炼工业等2行业10 mg/L、造纸12 mg/L)、总磷0.5 mg/L	对同一控制因子,不同地区不同行业执行不同的标准限值	对现有企业给予1年半的缓冲期
8	《洪河流域水污染物排放标准》(DB 41/1257—2016)	26项(多出动植物油、氯离子、粪大肠菌群数三项)	COD 60 mg/L(舞阳县和舞钢市40 mg/L、其他地区无机化学工业等10个行业50 mg/L)、氨氮:5(8) mg/L(舞阳县和舞钢市陶瓷工业3 mg/L、其他地区陶瓷工业3 mg/L、其他行业4(5) mg/L)、BOD_5 10 mg/L、总氮:15 mg/L(铅冶炼工业等2行业10 mg/L、造纸12 mg/L)、总磷0.5 mg/L	对同一控制因子,不同地区、不同行业执行不同的标准限值	对现有企业给予1年的缓冲期

5.2.3 国内其他省市现行流域水污染物排放标准及修订情况

近年来,为适应不断提升的环境管理需要,北京、广东、上海等地对地方污水综合排放标准、污水处理厂排放标准、流域排放标准等进行了修订及制定。其中,北京市、上海市、天津市对水污染物综合排放标准进行了修订,广东省、山东省、四川省、湖北省等地区对流域水污染物排放标准进行了制订或修订,北京市与天津市则单独制订了城镇污水处理厂水污染物排放标准。以下将对北京市、上海市、广东省等地区的标准制订或修订情况进行详细分析,具体各相关标准的限值与本标准的比较见表7-21。

5.2.3.1 北京市标准修订情况

(1)《城镇污水处理厂水污染物排放标准》(DB 11/890—2012)。

自2012年7月1日起,北京市行政区域内的城镇污水处理厂水污染物排放标准按照《城镇污水处理厂水污染物排放标准》执行,不再执行《水污染物排放标准》(DB 11/307—2005)中关于城镇污水处理厂的排放限值。城镇污水处理厂水污染物排放控制项目分为基本控制项目和选择控制项目,基本控制项目包含pH、化学需氧量、生化需氧量、悬浮物、动植物油、石油类等19项指标,所有城镇污水处理厂均应执行。各城镇污水处理厂的选择控制项目包含总镍、总铍等54项指标,根据城镇污水处理厂接纳工业污染物的种类在表中选择,由相关行政主管部门确认。

新建的城镇污水处理厂排入北京市Ⅱ类、Ⅲ类水体的城镇污水处理厂执行表1中A标准,对排入Ⅳ、Ⅴ类水体的城镇污水处理厂执行B标准。

(2)《水污染物综合排放标准》(DB 11/307—2013代替DB 11/307—2005)。

修订后的水污染物综合排放标准修订了适用范围,适用于除城镇污水处理厂、医疗机构以外的一切现有单位和个体工商户的水污染物排放管理,以及建设项目的环境影响评价、建设项目环境保护设施设计和竣工验收及其投产后的排放管理。

在标准中增加了总矾、总钴、二氯甲烷等28项污染物指标,删去了有机磷农药、元素磷2项污染物控制指标,对《水污染物综合排放标准》表1中A排放限值加严37项,B排放限值加严26项;单独制订了村庄生活污水处理站的排放限值表2,表3加严34项。其中,直接向地表水体排放污水的单位(村庄生活污水处理站除外)其主要水污染物排入北京市Ⅱ类、Ⅲ类水体及其汇水范围的污水执行化学需氧量(COD$_{Cr}$)为20 mg/L、氨氮为1.0(1.5) mg/L、总氮为10 mg/L、总磷(以P计)为0.2 mg/L。

5.2.3.2 上海市标准修订情况

上海市于2018年对污水综合排放标准进行修订(DB 31/199—2018代替DB 31/199—2009),标准主要修订了标准适用范围、调整了标准分级、增加了间接排放和协商排放的规定,调整了污染物控制项目,增加了总锑、总铊、总铁等14项污染物控制项目,取消元素磷污染物控制项目,调整了2类指标;调整了部分污染物项目的排放限值,收严了总汞、总镉、化学需氧量等63个污染物项目的排放限值。

5.2.3.3 广东省地方流域标准制订情况

广东省自 2017 年以来陆续制订了《淡水河、石马河流域水污染物排放标准》(DB 44/2050—2017)、《练江流域水污染物排放标准》(DB 44/2051—2017)、《茅洲河流域水污染物排放标准》(DB 44/2130—2018)。

(1)《淡水河、石马河流域水污染物排放标准》(DB 44/2050—2017)。

《淡水河、石马河流域水污染物排放标准》(DB 44/2050—2017)规定了淡水河、石马河流域范围内的水污染物排放限值及监测要求。适用于向淡水河、石马河及其支流直接排放污水的纺织染整、金属制品(不含电镀)、橡胶和塑料制品业、食品制造(含屠宰及肉类加工,不含发酵制品)、饮料制造、化学原料及化学制品制造业等 6 类重点控制行业及城镇污水处理厂的化学需氧量、氨氮、总磷、石油类等 4 种水污染物排放管理,以及新建、改建、扩建项目的环境影响评价、环境保护设施设计、竣工环境保护验收及其投产后的水污染物排放管理。

排放浓度限值要求最严格的为城镇污水处理厂(第二时段),化学需氧量、氨氮、总磷、石油类限值分别为 40 mg/L、2.0(4.0) mg/L、0.4 mg/L、1.0 mg/L。

(2)《练江流域水污染物排放标准》(DB 44/2051—2017)。

《练江流域水污染物排放标准》(DB 44/2051—2017)规定了向练江流域排放污水的纺织染整、造纸和纸制品、食品加工及制造等重点控制行业及城镇污水处理厂的化学需氧量、氨氮、总磷、色度等主要水污染物排放管理,以及新建、改建、扩建项目的环境影响评价、环境保护设施设计、竣工环境保护验收及其投产后的水污染物排放管理。其中,纺织染整行业应按《练江流域水环境综合整治方案》的有关要求,全部入园、集中治污。其中纺织染整行业限值要求最高,化学需氧量(CODcr)、氨氮、总磷(以 P 计)、色度(稀释倍数)分别达到 80(60) mg/L、10.0(8.0) mg/L、0.5 mg/L、50(30) mg/L,最低限值为城镇污水处理厂,分别为 40 mg/L、5.0(2.0) mg/L、0.5(0.4) mg/L、30 mg/L。

(3)《茅洲河流域水污染物排放标准》(DB 44/2130—2018)。

《茅洲河流域水污染物排放标准》(DB 44/2130—2018)规定了直接向茅洲河排放污水的电子工业、金属制品业、纺织染整工业、食品加工及制造业、啤酒及饮料制造业、橡胶制品及合成树脂工业等六类重点控制行业及城镇污水处理厂的化学需氧量、氨氮、总磷、阴离子表面活性剂等四项水污染物排放管理,以及上述六类重点控制行业和城镇污水处理厂建设项目的环境影响评价、环境保护设施设计、竣工环境保护验收及其投产后的上述四项水污染物排放管理。

限值最高的为电子工业限值要求,化学需氧量(CODcr)、氨氮、总磷(以 P 计)、阴离子表面活性剂限值分别为 80 mg/L、5.0 mg/L、0.5 mg/L、0.5 mg/L,最低限值为食品加工及制造业排放限值要求,化学需氧量(CODcr)、氨氮、总磷(以 P 计)分别为 60 mg/L、5.0 mg/L、0.5 mg/L。

5.2.3.4 河北省地方流域标准制订情况

2018 年 10 月 1 日起,河北省《大清河流域水污染物排放标准》《子牙河流域水污染物排放标准》《黑龙港及运东流域水污染物排放标准》三项强制性地方标准将正式实施,化学需氧量、氨氮等 5 项水污染物排放限值与京津现行标准衔接。

(1)细化分区精细管控。

三个流域均以乡镇级行政区划为基本单位划分控制区域,不同区域执行不同的水污染物排放限值。

大清河流域划分为核心控制区、重点控制区、一般控制区。核心控制区为雄安新区全域,范围为雄县、容城、安新三县行政辖区(含白洋淀水域),任丘市鄚州镇、苟各庄镇、七间房乡和高阳县龙化乡;重点控制区包括大清河流域内石家庄、保定市的 22 个县(市、区)以及定州市;一般控制区包括张家口、保定、廊坊和沧州市的 15 个县(市、区)。子牙河、黑龙港及运东两个流域均设定了重点控制区和一般控制区。子牙河流域重点控制区包括石家庄、邢台、邯郸市的 37 个县(市、区)及辛集市的 11 个乡镇;一般控制区包括石家庄、衡水、沧州、廊坊、邯郸市的 29 个县(市、区)及辛集市的 4 个乡镇。黑龙港及运东流域重点控制区包括衡水、邢台、邯郸市的 14 个县(市、区);一般控制区包括衡水、邢台、邯郸、沧州市的 20 个县(市、区)。

(2)排放限值对标京津。

三项地标均对标京津,设定了化学需氧量、五日生化需氧量、氨氮、总氮、总磷等 5 项水污染物排放限值。

大清河流域核心控制区污染物排放限值与北京标准中最严的 A 类相当,如 COD 为 20 mg/L;重点控制区排放限值与北京标准中的 B 类相当,COD 为 30 mg/L;该排放标准增加了一般控制区的排放要求,COD 为 40 mg/L,比国家规定的城镇污水处理厂一级 A 的 50 mg/L 要严。

子牙河、黑龙港及运东两个流域重点控制区和一般控制区污染物排放限值分别为 V 类和现行城镇污水处理厂一级 A 标准,见表 7-21。

5.2.3.5 对比分析

(1)重点污染物控制水平对比。

在重点污染物控制水平方面,本标准在国内流域标准中处于中等水平,从地区来看,本标准仅比湖北省严格,较其他地区标准相对宽松。COD、总磷限值与湖北省地方标准一致,均高于其他地市排放限值;氨氮较天津市相对较严,与湖北省一致,但比北京市、广东省等地方标准宽松很多;总氮较天津市、河北省和湖北省流域标准相对较严,比北京市、广东省等地方标准宽松很多。具体如表 7-22 所示。

（单位：mg/L）

表 7-21　国内相关标准限值确定情况

标准			pH	COD	悬浮物	BOD₅	氨氮	总氮	总磷	色度（倍）	石油类	氰化物	氟化物	挥发酚	硫化物	阴离子表面活性剂	总铜	总锌	总汞	总铬	六价铬	总砷	总铅
清潩河标准			6~9	50	30	10	5	15	0.5	50	5	0.5	10	0.5	1	0.5	0.5	2	0.01	1	0.2	0.35	0.2
地方标准	《合成氨工业水污染物排放标准》（DB 41/538—2017）	直接	6~9	50	40	—	15	25	0.5	—	3	0.2	—	0.1	0.5	—	—	—	—	—	—	—	—
	《北京市水污染物综合排放标准》（DB 11/307—2013）	排入地表水 A（地表Ⅱ、Ⅲ类水）	6.5~8.5	20	5	4	1(1.5)	10	0.2	10	0.05	0.2	1.5	0.01	0.2	0.2	0.3	1	0.001	0.2	0.1	0.04	0.1
		排入地表水 B（地表Ⅳ、Ⅴ类水）	6~9	30	10	6	1.5(2.5)	15	0.3	30	1	0.2	1.5	0.1	0.2	0.3	0.5	1.5	0.002	0.5	0.2	0.1	0.1
		新建村庄生活污水排放 A（地表Ⅱ、Ⅲ类水）	6~9	30	5	30	1.5(2.5)	15	0.3	—	—	—	—	—	—	0.3	—	—	—	—	—	—	—
		新建村庄生活污水排放 B（地表Ⅳ、Ⅴ类水）	6~9	40	10	40	5(8)	15	0.4	—	—	—	—	—	—	0.3	—	—	—	—	—	—	—
		排入公共水污水处理系统	6.5~9	500	400	300	45	70	8	50	10	0.5	10	10	1	15	1	1.5	0.002	0.5	0.2	0.1	0.1
	《北京市水污染物城镇污水处理厂排放标准》（DB 11/890—2012）	新、改建 A	6~9	20	5	4	1(1.5)	10	0.2	10	0.05	0.2	1.5	0.01	0.2	0.2	0.5	1	0.001	0.1	0.05	0.05	0.05
		新、改建 B	6~9	30	5	6	1.5(2.5)	15	0.3	15	0.5	—	—	—	—	0.3	—	—	—	—	—	—	—
		现有 A	6~9	50	10	10	5(8)	15	0.5	30	1	0.2	1.5	0.01	0.2	0.5	0.5	1	0.001	0.1	0.05	0.05	0.05
		现有 B	6~9	60	20	20	8(15)	20	1	30	3	—	—	—	—	1	—	—	—	—	—	—	—

· 123 ·

续表 7-21

标准		pH	COD	悬浮物	BOD₅	氨氮	总氮	总磷	色度(倍)	石油类	氰化物	氟化物	挥发酚	硫化物	阴离子表面活性剂	总铜	总锌	总汞	总铬	六价铬	总砷	总铅
《上海市污水综合排放标准》(DB 31/199—2018)	第二类 二级	6~9	60	30	20	5(8)	15(20)	0.5	50	3	0.2	8	0.3	1	5	0.5	2	0.005	0.5	0.1	0.05	0.1
《广东省淡水河、石马河流域水污染物排放标准》(DB 44/2050—2017)	纺织染整	—	60	—	—	8	—	0.5	—	—	—	—	—	—	—	—	—	—	—	—	—	—
	金属制品	—	60	—	—	85	—	0.5	—	2	—	—	—	—	—	—	—	—	—	—	—	—
	橡胶和塑料制品业	—	50	—	—	5	—	0.5	—	1	—	—	—	—	—	—	—	—	—	—	—	—
	食品制造	—	50	—	—	5	—	0.5	—	—	—	—	—	—	—	—	—	—	—	—	—	—
	饮料制造	—	50	—	—	5	—	0.5	—	—	—	—	—	—	—	—	—	—	—	—	—	—
	化学原料及化学制品制造业	—	50	—	—	5	—	0.5	—	3	—	—	—	—	—	—	—	—	—	—	—	—
	城镇污水处理厂	—	40	—	—	5(8)／2(4)	—	0.5／0.4	—	1	—	—	—	—	—	—	—	—	—	—	—	—
《广东省练江流域水污染物排放标准》(DB 44/2051—2017)	纺织染整行业	—	80(60)	—	—	10(8)	—	0.5	50(30)	—	—	—	—	—	—	—	—	—	—	—	—	—
	造纸和纸制品制造行业 制浆企业	—	80	—	—	5	—	0.5	50	—	—	—	—	—	—	—	—	—	—	—	—	—
	制浆和造纸联合企业	—	60	—	—	5	—	0.5	50	—	—	—	—	—	—	—	—	—	—	—	—	—
	造纸企业	—	50	—	—	5	—	0.5	50	—	—	—	—	—	—	—	—	—	—	—	—	—
	食品加工及制造业	—	50	—	—	5	—	0.5	30	—	—	—	—	—	—	—	—	—	—	—	—	—
	城镇污水处理厂	—	40	—	—	5(2)	—	0.5(0.4)	30	—	—	—	—	—	—	—	—	—	—	—	—	—

续表 7-21

标准		pH	COD	悬浮物	BOD$_5$	氨氮	总氮	总磷	色度(倍)	石油类	氰化物	氟化物	挥发酚	硫化物	阴离子表面活性剂	总铜	总锌	总汞	总铬	六价铬	总砷	总铅
《广东省茅洲河流域水污染物排放标准》(DB 44/2130—2018)	电子工业	—	80	—	—	5	—	0.5	—	—	—	—	—	—	0.5	—	—	—	—	—	—	—
	金属制品业	—	60	—	—	8	—	0.5	—	—	—	—	—	—	0.5	—	—	—	—	—	—	—
	纺织染整工业	—	60	—	—	8	—	0.5	—	—	—	—	—	—	0.5	—	—	—	—	—	—	—
	食品加工及制造业	—	60	—	—	5	—	0.5	—	—	—	—	—	—	—	—	—	—	—	—	—	—
	啤酒及饮料制造业	—	50	—	—	5	—	0.5	—	—	—	—	—	—	—	—	—	—	—	—	—	—
	橡胶制品及合成树脂工业	—	50	—	—	5	—	0.5	—	—	—	—	—	—	—	—	—	—	—	—	—	—
	城镇污水处理厂	—	30	—	—	1.5	—	0.3	—	—	—	—	—	—	0.3	—	—	—	—	—	—	—
《天津市城镇污水处理厂排放标准》(DB 12/599—2015) 基本控制项目	A	6~9	30	5	6	1.5(3)	10	0.3	15	0.5	—	—	—	—	—	—	—	—	—	—	—	—
	B	6~9	40	5	10	2(3.5)	15	0.4	20	1	—	—	—	—	—	—	—	—	—	—	—	—
	C	6~9	50	10	10	5(8)	15	0.5	30	1	—	—	—	—	—	—	—	—	—	—	—	—
《天津市污水综合排放标准》(DB 12/356—2018)	二级	6~9	40	10	10	2(3.5)	15	0.4	30	1	0.2	1.5	0.1	1	0.3	1	2	0.001	1.5	0.1	0.1	0.1

标准		pH	COD	悬浮物	BOD₅	氨氮	总氮	总磷	色度(倍)	石油类	氰化物	氟化物	挥发酚	硫化物	阴离子表面活性剂	总铜	总锌	总汞	总铬	六价铬	总砷	总镉
	城镇污水处理厂	—	30	—	6	1.5(3)	10	0.3	—	—	—	—	—	—	—	—	—	—	—	—	—	—
	规模化畜禽养殖场	—	100	—	30	25	40	3	—	—	—	—	—	—	—	—	—	—	—	—	—	—
《四川岷江、沱江流域水污染物排放标准》（DB 51/2311—2016）	制革及毛皮加工工业	—	50	—	20	15	20	0.5	—	—	—	—	—	—	—	—	—	—	—	—	—	—
	纺织染整工业	—	60	—	15	10	15	0.5	—	—	—	—	—	—	—	—	—	—	—	—	—	—
	合成氨工业	—	50	—	15	15	25	0.5	—	—	—	—	—	—	—	—	—	—	—	—	—	—
《河北省大清河流域水污染物排放标准》（DB 13/2795—2018）	核心控制区	—	20	—	4	1(1.5)	10	0.2	—	—	—	—	—	—	—	—	—	—	—	—	—	—
	重点控制区	—	30	—	6	1.5(2.5)	15	0.3	—	—	—	—	—	—	—	—	—	—	—	—	—	—
	一般控制区	—	40	—	10	2(3.5)	15	0.4	—	—	—	—	—	—	—	—	—	—	—	—	—	—
《河北省黑龙港及运东流域水污染物排放标准》（DB 13/2797—2018）	重点控制区	—	40	—	10	2(2.5)	15	0.4	—	—	—	—	—	—	—	—	—	—	—	—	—	—
	一般控制区	—	50	—	10	5(8)	15	0.5	—	—	—	—	—	—	—	—	—	—	—	—	—	—

续表 7-21

标准		pH	COD	悬浮物	BOD5	氨氮	总氮	总磷	色度(倍)	石油类	氰化物	氟化物	挥发酚	硫化物	阴离子表面活性剂	总铜	总锌	总汞	总铬	六价铬	总砷	总铅
《河北省子牙河流域水污染物排放标准》(DB 13/2796—2018)	重点控制区	—	40	—	10	2(2.5)	15	0.4	—	—	—	—	—	—	—	—	—	—	—	—	—	—
	一般控制区	—	50	—	10	5(8)	15	0.5	—	—	—	—	—	—	—	—	—	—	—	—	—	—
《湖北省汉江中下游污水综合排放标准（公共污水处理厂）》(DB 42/1318—2017)	重点控制区	—	50	—	10	5(8)	15	0.5	—	1	0.2	1.5	0.2		0.5							
	一般控制区	—	50(60)	—	10(20)	8(10)	15(20)	0.5	—	1(3)	0.2	1.5	0.2		0.5(1)			0.001	0.1	0.05	0.1	0.1

表 7-22　本标准与其他地市流域标准重点污染物对比分析　　（单位：mg/L）

序号	标准	COD	氨氮	总氮	总磷
1	《清潩河流域水污染物排放标准》（DB 41/790—2013）	50	5（3）	12（15）	0.5
2	《北京市污染物综合排放标准》（DB 11/307—2013）、《北京市城镇污水处理厂排放标准》（DB 11/890—2012）	20	1	10	0.2
3	《广东省淡水河、石马河流域水污染物排放标准》（DB 44/2050—2017）	40	2	—	0.4
4	《广东省茅洲河流域水污染物排放标准》（DB 44/2130—2018）	30	1.5	—	0.3
5	《天津市城镇污水处理厂排放标准》（DB 12/599—2015）	30	15	10	0.3
6	《四川岷江、沱江流域水污染物排放标准》（DB 51/2311—2016）	40	2	15	0.4
7	《河北省大清河流域水污染物排放标准》（DB 13/2795—2018）	30	1.5	10	0.3
8	《河北省黑龙港及运东流域水污染物排放标准》（DB 13/2797—2018）	20	1	10	0.2
9	《河北省子牙河流域水污染物排放标准》（DB 13/2796—2018）	40	2	15	0.4
10	《湖北省汉江中下游污水综合排放标准（公共污水处理厂）》（DB 42/1318—2017）	50	5	15	0.5

从颁布时间来看，本标准颁布时间除迟于《北京市城镇污水处理厂排放标准》（DB 11/890—2012）外，较其他地方流域标准颁布时间都相对较早，规定的重点污染物排放限值也相对较为宽松。随后颁布的地方流域标准限值体现出逐渐趋于严格的趋势：2015 年和 2017 年 COD 限值在 30~50 mg/L，氨氮在 2~15 mg/L，总磷在 0.3~0.5 mg/L；到了2018 年，新颁布的各地流域标准限值有所降低，COD 限值降至 20~40 mg/L，氨氮限值降至 1~2 mg/L，总磷降至 0.2~0.4 mg/L。

（2）第一类污染物控制水平对比。

在第一类污染物控制水平方面，从污染控制因子设置上，广东、河北、四川等省（市）均未设置第一类污染物，本标准规定了 14 项，优于这些地区；在限制标准上，本标准标准限值高于北京、上海、天津、湖北省（市）地方标准，总铬在各标准中较为严格，而总汞、六价铬、总砷、总铅均远宽松于其他地市标准。

从颁布时间来看，本标准颁布时间较早（2013 年），整体而言排放限值相对宽松，除六价铬限值较后来颁布的流域标准相对严格，总汞、总铬、总砷和总铅都宽松于后来颁布的其他标准,但到了 2018 年,各项第一类污染物的排放限值未进一步加严(见表 7-23)。

表 7-23　本标准与其他地市流域标准第一类污染物对比分析　　(单位:mg/L)

其他地方标准	总汞	总铬	六价铬	总砷	总铅
《清溪河流域水污染物排放标准》(DB 41/790—2013)	0.01	0.1	0.2	0.35	2
《北京市污染物综合排放标准》(DB 11/307—2013)	0.001	0.2	0.1	0.04	0.1
《北京市城镇污水处理厂排放标准》(DB 11/890—2012)	0.001	0.1	0.05	0.05	0.05
《上海市污水综合排放标准》(DB 31/199—2018)	0.005	0.5	0.1	0.05	0.1
《天津市污水综合排放标准》(DB 12/356—2018)	0.001	1.5	0.1	0.1	0.1
《湖北省汉江中下游污水综合排放标准(公共污水处理厂)》(DB 42/1318—2017)	0.001	0.1	0.05	0.1	0.1

(3)细化分区精细管控对比。

早期颁布的标准未进行行业或地区精细控制。如《北京市污染物综合排放标准》(DB 11/307—2013)对排入地表水、新建村庄生活污水排放、排入公共污水处理系统进行了分级管理;《北京市城镇污水处理厂排放标准》(DB 11/890—2012)对现有、新改建项目污水排放进行了分类;到了 2017 年,各流域标准开始执行分行业管控,《广东省淡水河、石马河流域水污染物排放标准》(DB 44/2050—2017)、《广东省练江流域水污染物排放标准》(DB 44/2051—2017)、《广东省茅洲河流域水污染物排放标准》(DB 44/2130—2018)设置了重点排污行业污染控制因子标准限值。到 2018 年,各流域标准开始执行分区管控,如《河北省大清河流域水污染物排放标准》(DB 13/2795—2018)、《河北省黑龙港及运东流域水污染物排放标准》(DB 13/2797—2018)、《河北省子牙河流域水污染物排放标准》(DB 13/2796—2018)、《湖北省汉中下游污水综合排放标准(公共污水处理厂)》(DB 42/1318—2017)则按照行政区划为基本单位划分控制区域,不同区域执行不同的水污染物排放限值。而本标准未对流域进行分区管控。

本标准颁布时间相对较早,虽然设置了重点排污行业污染控制因子标准限值,但未对流域进行分区管控。

6　流域标准实施效果评估

本部分内容从重点排污行业中选取分布较多、排污较大的行业,即造纸行业、发制品行业、制革行业和食品行业,与入河较多的污水处理厂作为流域实施效果评估的对象,结合近年来重点源在线监测数据和调研收集数据,开展达标情况评估和流域技术经济分析。

6.1 流域标准适用性评估

6.1.1 标准适用范围适用性评估

标准适用范围包括流域地理范围、排放源类型和排放去向三方面。标准制定时,对于地理范围,从行政区划上来看,清潩河流域包括郑州新郑市的新店镇和观音寺镇,许昌市禹州西部 4 个乡镇(古城镇、郭连镇、无梁镇及山货回族乡)、长葛市区及 4 个乡镇(后河镇、坡胡镇、石固镇、增福庙乡)、许昌市区全境(包括魏都区、经济技术开发区、东城区)、建安区除陈曹乡外的 15 个乡镇、鄢陵县 2 个乡镇边缘(望田和陶城北边缘),漯河市临颍县除繁城回族乡、杜曲镇外的 13 个乡镇,周口市西华县奉母镇、逍遥镇南边缘;对于排放源类型,主要指工业源和生活源,工业类型包括肉类加工行业、陶瓷工业、电镀行业及制浆造纸行业等,而规定公共污水处理系统和间排单位按 GB 18918—2002 中水污染物排放标准一级标准的 A 标准及其他相关规定执行。对于排放去向,主要适用范围是指包括规定直接向流域水环境排放的现有和新建排污单位,而向公共污水处理系统排放水污染物,执行国家或地方规定的水污染物排放标准。

6.1.1.1 地理范围

标准实施后(2017 年),清潩河流域行政区划发生变化,许昌市撤销许昌县设立建安区,其余行政区划没有变化,而工业源空间分布无明显变化,只是在示范区和东城区新增了 5 个工业源,两地区企业数量总占比不超过 5%。

因此,原流域标准的地理范围仍然适用。

6.1.1.2 排放源范围

标准实施后,总体来看,清潩河流域污染源结构特征及涉水工业企业所属行业基本没有发生变化,只是流域排污权重发生了变化;但从直排行业来看,清潩河流域直接排放企业行业发生了重大变化,轮胎制造和卫生陶瓷制品制造不再是直排行业,而新增了模具制作。另外,制浆及造纸业、纺织印染业不再是流域内重点直接排放工业源,取而代之的是煤炭开采和洗选业。

因此,本标准的排放源范围应在原有基础上,增加模具制作行业。

6.1.1.3 排放去向范围

标准实施后,排放方式转变为以间接排放为主,污水处理厂废水排放量也越来越大。根据清潩河流域县市 2013 年和 2017 年环境统计数据统计,2013 年直排废水、COD 和氨氮的排放量比间排略大,但相差不多,占比在 50%~60%;标准实施后(2017 年),由于标准对直排源排放限值的约束,配合流域内环境规划、行业转型等相关政策,一定程度上促使企业"入园入区",污染物以间排方式排放所占比例明显升高,废水、COD 和氨氮的排放量占比达到了 60%~75%,成为清潩河流域污染排放的主要方式,污水处理厂也逐渐成为流域的主要污染源。

因此,本标准的排放去向范围应在原有基础上,增强对间排企业和污水处理厂的排污约束。

6.1.2 标准污染控制因子适用性评估

标准制订时,流域标准主要解决的问题为促进污染减排和水质改善,污染控制因子筛选按照以下原则:一是满足国家"十二五"总量控制需要;二是满足地表水考核需要;三是重点控制毒害性大因子;四是控制流域主要行业和规划重点行业的特征排放因子;五是考虑污染物项目的可监测性。结合控制重点水污染物排放行业和规划的重点发展产业,确定了23项污染控制因子。其中,一类污染物6项;二类污染物17项,分别为总汞、总镉、总铬、六价铬、总砷、总铅、pH、色度、悬浮物、化学需氧量、五日生化需氧量、石油类、氨氮、总氮、总磷、硫化物、挥发酚、氰化物、氟化物、总铜、总锌、总硒、阴离子表面活性剂。

至2017年,整体来看,清潩河流域污染源结构特征及涉水工业企业所属行业基本没有发生变化,只是流域排污权重发生了变化,行业特征因子并没有发生重大变化。但是由于污水处理厂逐渐成为流域的主要污染源,作为污水处理厂排水特征因子的动植物油在本标准并没有体现,该因子同时也是河南省其他多项流域标准和国内部分地区城镇污水处理厂的控制因子,同时《水污染防治行动计划》提出"到本世纪中叶,生态环境质量全面改善,生态系统实现良性循环",而良性循环的前提是水生生物可以健康生长。

因此,本标准应适当考虑逐步扩大流域污染控制因子,增加动植物油作为特征因子,同时考虑水生生物毒性因子,提高流域污染物排放限值要求、加严对毒害因子的控制,为清潩河流域下一步水生态功能的恢复奠定基础。

6.1.3 标准限值适用性评估

本标准在国内流域标准中处于中等水平。北京、上海、天津三省(市)无论从主要污染物控制指标数量和标准限值,均比本标准严格,这与北京、上海、天津经济社会发展相匹配;四川、河北、广东、湖北等省地方流域标准,主要污染物控制指标有COD、氨氮、总氮和总磷,本标准污染物控制指标数量覆盖面更全面,标准限值持平或严于上述四省地方标准。因此,为保障流域水质,本标准限值要求有进一步提升的空间。

6.1.4 标准水污染物监测要求适用性评估

本标准规定了清潩河流域水污染物的监测要求,排污单位排放污水的采样要求、安装污染物排放自动监控设备的要求、监测的频次与采样时间均按照国家有关要求执行,同时规定了23项因子的46项监测方法,标准实施以来,一项因子的监测方法有所变化,即化学需氧量的重铬酸盐法由HJ 828—2017代替GB 11914—89,同时新发布了14项监测方法标准,共涉及15项因子,如表7-24所示。

表7-24 标准实施以来监测方法发布情况

序号	因子	测定方法	方法来源	实施时间 (年-月-日)
1	六价铬	流动注射-二苯碳酰二肼光度法	HJ 908—2017	2018-04-01
		真空检测管-电子比色法	HJ 659—2013	2013-09-20
2	阴离子表面活性剂	流动注射-亚甲基蓝分光光度法	HJ 826—2017	2017-05-01
3	氰化物	流动注射-分光光度法	HJ 823—2017	2017-05-01
		真空检测管-电子比色法	HJ 659—2013	2013-09-20

序号	因子	测定方法	方法来源	实施时间 (年-月-日)
4	硫化物	流动注射-亚甲基蓝分光光度法	HJ 824—2017	2017-05-01
		真空检测管-电子比色法	HJ 659—2013	2013-09-20
5	挥发酚	流动注射-4-氨基安替比林分光光度法	HJ 825—2017	2017-05-01
6	铬	火焰原子吸收分光光度法	HJ 757—2015	2015-12-01
7	汞	原子荧光法	HJ 694—2014	2014-07-01
8	砷	原子荧光法	HJ 694—2014	2014-07-01
9	硒	原子荧光法	HJ 694—2014	2014-07-01
10	氨氮	连续流动-水杨酸分光光度法	HJ 665—2013	2014-01-01
		流动注射-水杨酸分光光度法	HJ 666—2013	2014-01-01
		真空检测管-电子比色法	HJ 659—2013	2013-09-20
11	总氮	连续流动-盐酸萘乙二胺分光光度法	HJ 667—2013	2014-01-01
		流动注射-盐酸萘乙二胺分光光度法	HJ 668—2013	2014-01-01
12	总磷	连续流动-钼酸铵分光光度法	HJ 670—2013	2014-01-01
		流动注射-钼酸铵分光光度法	HJ 671—2013	2014-01-01
13	化学需氧量	真空检测管-电子比色法	HJ 659—2013	2013-09-20
14	氟化物	真空检测管-电子比色法	HJ 659—2013	2013-09-20
15	镍	真空检测管-电子比色法	HJ 659—2013	2013-09-20

6.2 流域标准执行达标情况评估

6.2.1 重点行业达标情况评价

6.2.1.1 煤炭行业达标情况评价

标准实施后,由于本标准对排污的约束及提高准入门槛、加严煤炭质量要求的环境政策,煤炭行业水污染物排放量明显降低,达标率逐年提高。具体情况如下所示。

(1)煤炭行业污染物排放情况评价。

根据清潩河流域工业基表统计,清潩河流域内煤炭行业企业位于许昌市境内,企业数量及污染物排放量如表 7-25 所示。

表 7-25　清潩河流域煤炭行业企业数量及污染物排放量变化情况

年份	企业数量 (家)	废水排放量(万 t/a)			污染物排放量(t/a)		工业总产值 (万元)
		直接排放	间接排放	合计	COD	氨氮	
2012	1	635.6	0	635.6	315.75	7.63	101 080.9
2013	1	615.4	0	615.4	298	6.91	65 102.9

年份	企业数量（家）	废水排放量（万 t/a）			污染物排放量（t/a）		工业总产值（万元）
		直接排放	间接排放	合计	COD	氨氮	
2014	1	635.93	0	635.93	286.17	12.72	44 557
2015	1	390.79	0	390.79	280.75	11.49	42 398.9
2016	1	395.00	0	395.00	98.75	6.87	37 759.8
2017	1	300.00	0	300.00	126.00	4.46	—

由表 7-25 可见,本标准实施前,2012 年,清潩河流域仅有一家煤炭行业,废水排放量总计 615.4 万 t/a,全部为直接排放,COD 和氨氮年排放量分别为 298 t/a 和 6.91 t/a,一方面,本标准的制定对煤炭行业的排污行为产生约束,一定程度限制了企业排污行为;另一方面,近年来清潩河流域实施碧水工程,强化水污染防治,以清潩河流域水环境综合整治为重点,加强水污染防治,综合整治煤炭开采企业排污,促进了企业"生产工艺清洁化,污染治理高效化",使行业废水量从 2012 年的 615.4 万 t/a 降低到 2017 年的 300.00 万 t/a,减幅 51.25%,COD 排放量从 298 t/a 减少至 126 t/a,减幅 57.72%,氨氮排放量从 7.63 t/a 减少至 4.46 t/a,减幅 41.55%。

（2）煤炭行业企业污染物排放达标情况评价。

根据清潩河流域相关工业基表统计,流域内煤炭行业直接排放企业有某公司,清潩河流域综合整治煤炭开采企业排污,再加上标准实施以来,本标准对企业排放浓度进一步加严,某公司达标率较高,保持在 98%以上,且在 2017 年,实现全部达标,废水满足本标准要求。

（3）煤炭行业环境政策要求。

《河南省人民政府关于印发河南省煤炭消费减量行动计划（2018～2020 年）的通知》（豫政〔2018〕37 号）实施方案规定:

①提高耗煤项目准入门槛。从严执行国家、省重点耗煤行业准入规定,原则上禁止新建、扩建单纯新增产能的煤炭、钢铁、水泥、传统煤化工、焦化、烧结砖瓦窑等产能过剩的传统产业项目,全市禁止新增化工园区。新建高耗煤项目单位产品（产值）能耗要达到国际先进水平。

②提高商品煤质量。进一步提高原煤质量,禁止开采低质原煤。严格落实《河南省商品煤质量管理暂行办法》,严禁高灰分、高硫分劣质煤进入消费市场,加强煤炭生产、加工、储运、购销、进口、使用等全过程管理。特别是在储运过程中,承运企业要实行"分质装车、分质堆存",封闭运输和储存,不得降低煤炭质量。到 2020 年,市内消费煤炭热值标准力争提高 10%以上。其中,煤电机组入炉煤发热力争达到 5 000 kal/kg。市质监、工商、环保及煤炭管理等部门要按各自职责依法对煤炭质量进行监管。

6.2.1.2 造纸行业达标情况评价

标准实施后,由于推动造纸搬迁入园、淘汰落后产能等政策及工作的开展,再加上本标准对企业排污行为的约束,造纸行业水污染物排放量明显降低,达标率逐年提高,目前达标率达到 100%。具体情况如下所示。

（1）造纸行业污染物排放情况评价。

根据清潩河流域工业基表统计，清潩河流域内造纸和纸制品业企业均位于许昌市境内，企业数量及污染物排放量如表 7-26 所示。

表 7-26　清潩河流域造纸行业企业数量及污染物排放量变化情况

| 年份 | 企业数量（家） | | 废水排放量（万 t/a） | | | 污染物排放量（t/a） | | 工业总产值（万元） |
	正常生产	已停产	直接排放	间接排放	合计	COD	氨氮	
2013	5	4	652	731.8	1 383.8	1 413.07	30.98	168 092
2014	3	4	474.75	344.81	819.56	813.78	18.08	164 252
2015	2	3	286.41	339.88	626.29	650.11	11.79	87 700
2016	3	3	30	189.42	219.42	90.88	5.79	70 841
2017	3	0	0.24	189.76	190	80.21	2.76	—

由表 7-26 可见，本标准实施初期，2013 年，清潩河流域造纸行业企业共有 9 家，其中正常生产 5 家，停产 4 家，废水排放量为 1 383.8 万 t/a，其中直接排放 652 万 t/a，间接排放 731.8 万 t/a，COD 排放量为 1 413.07 t/a，氨氮排放量为 30.98 t/a。一方面，本标准的制定对造纸行业的排污行为产生约束，一定程度限制了企业排污行为；另一方面，清潩河流域推进的水污染防治和行业排污综合整治政策，促进了企业生产工业的革新和水处理设施的提标改造，降低了企业生产单位产品排水量，使废水排放量从 2013 年的 1 383.8 万 t/a，减少至 2017 年的 190 万 t/a，减幅 86.3%，其中直接排放量从 652 万 t/a 减少至 0.24 万 t/a，减幅 99.9%，间接排放量从 731.8 万 t/a 减少至 189.76 万 t/a，减幅 74.1%；COD 排放量从 1 413.07 t/a 减少至 80.21 t/a，减幅 94.3%，氨氮排放量从 30.98 t/a 减少至 2.76 t/a，减幅 91.1%。

（2）造纸行业企业污染物排放达标情况评价。

根据清潩河流域相关工业基表统计，2013 年流域内造纸行业直接排放企业有某企业、某某企业，其废水排放达标率逐年提升，2015 年能够实现全部达标。但标准实施后，污染排放要求加严，对企业经营的要求提高，加上 2014 年许昌市水利重点项目建设相继上马，清潩河被纳入综合治理工程，某企业、某某企业因"重排污"成为重点整治对象。市、区两级政府要求全面关停并推进企业转型升级。2016 年，某某企业、某企业相继停产。根据 2017 年工业基表，2017 年，清潩河流域直接排放造纸行业仅剩某企业，其废水排放量为 0.24 万 t/a，经监测，废水满足本标准要求。

（3）造纸行业环境政策要求。

《许昌市国民经济和社会发展第十三个五年规划纲要》规定："严格执行建设项目准入禁止、限制区域和项目名录，禁止新建新上造纸、纺织品印染、制革等污染项目。加快推进城区内污染企业环保搬迁，将建成区内排放水污染物的工业企业搬迁至产业集聚区或工业园区。推动造纸企业搬迁改造，规划建设纸制品循环经济产业园。"《许昌市"十三五"工业发展规划（2016~2020 年）》明确"以许繁路一林纸业原厂区为依托，整合许昌市造纸资源,打造许昌造纸循环经济产业园。"

6.2.1.3　发制品行业达标情况评价

标准实施后,由于污染防治攻坚战的优化产业布局、推进入园入区等行业政策的索引和本标准对直排污染源的严格约束,中大型发制品企业废水已基本实现全部排入城市污水厂或者集中式污水处理厂进行处理,水污染物排放量也有所降低。但小型发制品企业仍缺乏监管,未纳入许昌市重点监测范围。具体情况如下所示。

(1)发制品行业污染物排放情况评价。

根据工业基表,清潩河流域内发制品行业企业数量及污染物排放量如表 7-27 所示。

表 7-27　清潩河流域发制品行业企业数量及污染物排放量变化情况

年份	企业数量(家)		废水排放量(万 t/a)			污染物排放量(t/a)		工业总产值(万元)
	直接排放	间接排放	直接排放	间接排放	合计	COD	氨氮	
2013 年	3	37	9.96	196.42	206.38	142.21	13.19	479 743
2014 年	4	50	6.39	212.26	218.65	91.74	4.45	510 854
2015 年	3	34	6.83	166.37	173.2	99.12	4.23	518 886
2016 年	1	59	0.15	172.09	172.24	56.72	3.04	489 583
2017 年	0	62	0	158.48	158.48	50.67	2.8	—

由表 7-27 可见,发制品行业企业数量由 2013 年的 40 家增加至 2017 年的 62 家,直接排放逐渐转变为间接排放。废水排放量从 2013 年的 206.38 万 t/a 减少至 2017 年的 158.48 万 t/a,减幅 23.2%;间接排放量从 2013 年的 196.42 万 t/a 减少至 2017 年的 158.48 万 t/a,减幅 19.30%。总体上看,许昌发制品产业还处在较低层次的产业聚集,属劳动密集型的加工工业,多数企业规模较小,布局较为分散,产业集群总体规模大而不强。需要政策引导,加强环境管理力度。

(2)发制品行业企业污染物排放达标情况评价。

发制品行业企业废水已基本实现全部排入城市污水厂或者集中式污水处理厂进行处理。根据现场调研取样及 2018 年污染源重点监控数据分析,本标准实施至今,发制品行业各项指标总体达标情况相对较好,满足排入污水处理厂进水要求,流域发制品行业 3 家龙头企业中,某企业达标情况较好,而同样作为龙头企业的某企业和小型企业的某企业排放浓度相对较高。综上所述,自本标准实施以来,发制品行业各项污染物指标整体达标情况较好。但小型发制品企业仍缺乏监管,未纳入许昌市重点监测范围。建议规范企业开展自行监测,推进公众监督与环保监管。

6.2.1.4　制革行业达标情况评价

清潩河现有制革企业 1 家,废水直接排放入清潩河支流西小洪河。2013 年之前,某企业实际废水处理量为 0.4 万 t/d,出水 COD 和氨氮浓度分别为 100 mg/L 和 15 mg/L,由于流域综合整治力度的加强及本标准对企业排污行为的约束,2013 年底某企业实施了稳定达标控制工程,但据许昌市统计年鉴核算,工程实施完成后,2014 年某企业出水 COD 和氨氮浓度分别为 124.4 mg/L 和 6.25 mg/L,不能达到本标准要求。2015 年之后,企业的生产模式发生改变,长期停产,一年中仅有 4 个月处于生产期,但 COD 和氨氮出水浓度都达到流域水污染物排放标准的要求。

根据统计,本标准实施前,制革行业各项指标平均浓度较高,且与流域排放标准限值相比,达标率较低,尤其是 COD 超标十分严重;本标准实施后,由于流域对行业污染综合工作的推进和本标准对直排污染源的严格约束,制革行业的达标率提升明显,2015 年 COD 和氨氮的达标率达到了 100%,且平均排放浓度分别为 33.19 mg/L 和 1.44 mg/L,远远低于本标准限值要求。

综上所述,自本标准颁布实施后,制革行业水污染物达到了控制要求,COD 和氨氮不仅达到了 100% 达标,且平均排放浓度远远低于本标准限值要求。

6.2.1.5　食品行业达标情况评价

标准实施后,由于标准的约束和综合整治工作的开展,食品行业的达标率一直处于较高水平。根据 2015~2016 年污染源重点监控数据分析,本标准颁布后,食品行业各项指标整体达标率较高,都在 80% 以上,且呈现出逐年上升趋势。COD 年均平均浓度也在逐年削减,而 2016 年氨氮年均浓度比 2015 年略有上升,但是 COD 和氨氮年均浓度都远远低于本标准规定限值。

6.2.2　公共污水处理系统达标情况评价

污水处理厂达标率在标准实施前后一直处于较高水平,标准实施后,本标准对河流准入排放浓度要求进一步加严,促进污水处理厂处理设备的升级改造,污水处理厂达标率逐年提升,到了 2016 年和 2017 年,基本稳定达到 100%。清濛河流域现有污水处理厂 7 家,根据本标准要求,公共污水处理系统排水按照 GB 18918—2002 中水污染物排放标准的一级标准的 A 标准及其他相关规定要求。采用重点源在线监测数据,对标准实施以来,清濛河流域部分污水处理厂的 COD 和氨氮日均值进行评价,本标准颁布前后,从水污染物浓度来看,污水厂的水污染物年均排放浓度一直保持在较低水平,低于本标准规定限值,且从 2014 年开始,由于管理的加严,COD 和氨氮排放浓度呈现出逐年下降的趋势。

从达标率来看,COD 年均达标率逐年提升,几乎实现全达标;氨氮在 2013~2014 年略有下降,但在 2016 年和 2017 年回升至 97% 以上,达标情况较好。

6.3　流域标准实施的技术经济分析

6.3.1　达标技术路径

6.3.1.1　重点行业达标技术路径

1. 造纸行业达标技术路径

(1)行业达标技术概况分析。

根据清濛河流域造纸行业水污染物产排企业基本信息调查结果,统计的清濛河流域造纸企业中,除某企业及三家无信息企业外,其余 6 家企业在排入清濛河前均采用了"一级+二级+三级"的处理模式(1 家直排的污水处理站采用,5 家间排排入的污水处理厂采用)。其中各企业二级处理都包括"水解酸化/UASB(厌氧)+曝气池(好氧)"两个处理单元,将难生物降解的有机物转变为易生物降解的有机物,提高废水的可生化性,而后通过后续好氧段处理有机物。至于三级处理,各企业所采用技术不同,5 家采用了混凝沉淀

(气浮),1家采用了芬顿高级氧化,都可进一步分解有机物等水污染物,保证出水水质达标。清漠河流域造纸行业常见水处理工艺如图7-3所示。

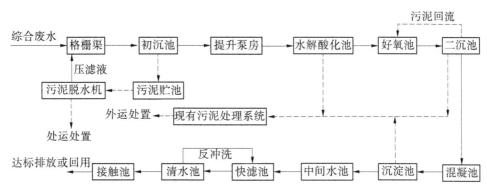

图7-3　清漠河流域造纸行业常见水处理工艺

(2)典型企业达标技术分析。

以某企业为例,产生的废水主要包括洗浆机产生的黑液、鼓式洗草机产生的洗木片废水、漂白工段产生的漂白废水。其中,黑液送碱回收车间蒸发燃烧处理,回收黑液中的碱,洗木片废水和漂白废水送厂区污水处理站处理后直排入白马支沟,而后进入清漠河。进水浓度可达COD 2 500 mg/L,氨氮4 mg/L,总磷8 mg/L。污水处理站废水处理工艺如图7-4所示。

由图7-4可以看出,某企业水处理工艺包括"一级(过滤+沉淀)+二级[厌氧技术(水解酸化+UASB)+好氧技术(完全混合活性污泥法)]+三级(芬顿高级氧化技术)+人工湿地(尾水处理)"三个主要阶段,具体可分为如下6个部分:

◇"过滤+沉淀"。洗木废水和漂白废水分为两个部分进行一级处理:①洗木片废水首先流入集水井,在集水池稍作停留后,废水进入圆筒筛,废水通过圆筒筛过滤,回收其中较大的纤维性的悬浮物,过滤后废水自流进入沉渣池。在沉渣池中通过沉淀,进一步去除废水中的悬浮物,沉渣池出水进入预酸化池。②制浆漂白废水和生活污水首先进入集水沉淀池,在集水沉淀池入口处设置2台机械格栅以拦截粗大悬浮物。同时为降低后续工段的处理负荷,进一步去除废水中的悬浮物,集水沉淀池采用絮凝沉淀工艺,再通过加入絮凝剂对废水进行混凝沉淀,去除COD、SS等。

◇"厌氧预酸化池"。生化二沉池出水作为洗木废水回用于车间,洗木后经沉淀和六角筛后进入厌氧预酸化池,在水解酸化菌团的作用下,有机污染物分子发生断链,一方面去除了部分COD,另一方面也为后续厌氧处理创造良好的条件。

◇"UASB反应器"。废水中的有机物质在水解菌团和厌氧菌团的作用下,大部分有机物质分解成二氧化碳、水和甲烷。出水进入选择池-好氧曝气一体池。

◇"曝气池"。废水有机物质在好氧菌的作用下,大部分物质转化成二氧化碳和水。

◇"两级芬顿催化氧化池"。在催化氧化池芬顿试剂的作用下,利用生成的羟基自由基对有机污染物进行氧化,借助其"攻击"有机分子内高电子云密度的特点,通过诱发、催化和协同反应,完成常温常压下羟基自由基的调动。与污水中的污染物发生反应,破坏分

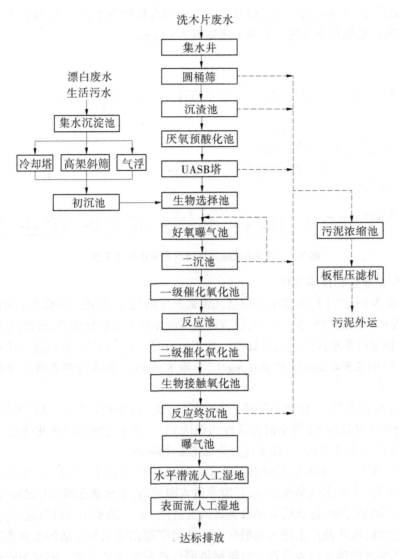

图 7-4　某企业水处理工艺

子链结构,改变发色的官能团,将污染物氧化成为二氧化碳、水,部分物质直接矿化成为盐。

◇"人工湿地"。采用水平潜流人工湿地+表面流人工湿地技术,通过过滤、吸附、沉淀、离子交换、微生物同化分解和植物吸收等途径去除水中的悬浮物、有机物、氮等污染物,进一步提高白马支沟自净能力,以保证本项目出水断面水质稳定达标。

经数据调查,国内同行业废水采用物化+生化+深度处理工艺 COD 去除率在 97.5%以上。本工程废水采用"厌氧预酸化+UASB+好氧曝气+两级催化氧化+人工湿地"处理工艺,与国内同行业有可比性,COD 去除效率可达 98%,造纸行业氨氮和总磷进水浓度较低,处理率可达 96%。企业废水经污水处理站处理后,COD≤30 mg/L,氨氮≤1.5 mg/L,TP≤0.3 mg/L,各项指标均可以满足本标准限值要求。

2. 发制品行业达标技术路径

(1)行业达标技术概况分析。

根据调研统计信息,清漾河流域发制品行业的 5 个重点源企业产生废水 COD 可达 500~1 500 mg/L,氨氮为 100~400 mg/L,均先通过预处理后排入污水处理厂处理,经现场调研,企业内的废水预处理工艺大致相同,均采用"一级(物化)+二级[厌氧(水解酸化)+好氧(接触氧化)]"处理模式,初步分解污染物,而后又排入污水处理厂进行统一处理,进一步分解有机物等水污染物,保证达标排放。发制品企业废水典型的预处理工艺如图 7-5 所示。

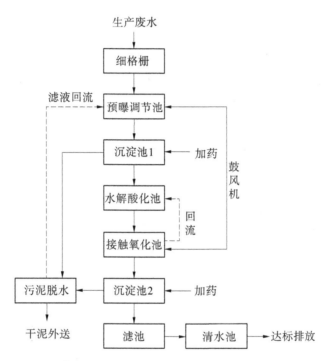

图 7-5 清漾河流域发制品行业典型废水预处理工艺流程

(2)典型企业达标技术分析。

以某企业为例,企业废水来源主要包括四个部分:①过酸工序产生的含酸废水,即用硫酸、次氯酸浸泡头发上的油脂、污物,再用碱中和、冲洗所排放的废水,主要为酸、碱废水;②漂染废水,即头发经氨水、双氧水脱色后再经染料高温染色,从染色槽和清洗桶排出的高碱、高温、高色度、高氨氮、高 CODcr 废水;③洗发废水,即头发染色后用清水冲洗头发上的浮色,然后用柔软剂清洗、处理所排放的废水;④车间冲洗废水和生活废水。末端处理前废水 COD 可达 500~1 500 mg/L,氨氮可达 100~400 mg/L。

企业废水先经污水处理站预处理(处理工艺见图 7-6)后,进入某企业进一步处理,而后排入瀍陵河,汇入清漾河。某企业水处理工艺采用"曝气沉砂池+A²/O+混凝沉淀"工艺。

3. 印染行业达标技术路径

(1)行业达标技术概况分析。

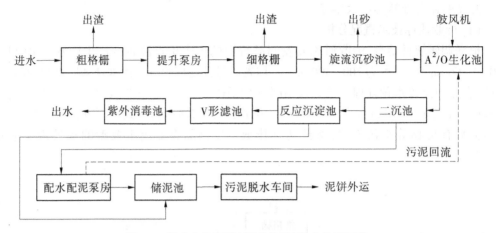

图 7-6 某企业入河前(污水处理厂)水处理工艺

清溪河流域印染行业常用处理方法可分为物理法、化学法与生物法。物理法主要用于去除悬浮、色度及部分 COD,投药混凝反应是物化处理的重要环节。物理法主要有格栅与筛网、调节、沉淀、气浮、过滤、膜技术等;化学法主要解决印染废水 COD 值高、可生化性差及色度高的难题,大大提高废水可生化性。化学法有中和、混凝、电解、氧化、吸附、消毒灯,生物法有厌氧生物法、好氧生物法、兼氧生物法。

根据现场调研情况,流域内间排企业主要采用"水解酸化+生物接触氧化+混凝沉淀"废水处理工艺,后又经污水处理厂处理后排放;而直接排放企业会增加二次沉淀及气浮等单元,进一步分离固液。部分企业还建有深度处理及中水用系统,保证出水水质达标。清溪河流域印染行业常见水处理工艺如图 7-7 所示。

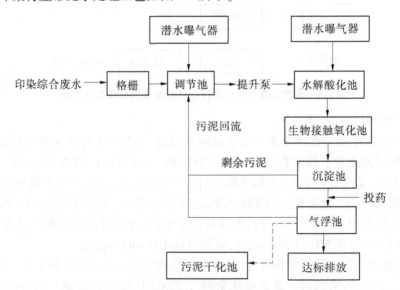

图 7-7 清溪河流域印染行业典型废水预处理工艺流程

(2)典型企业达标技术分析。

以某企业为例,该企业主要加工印染红蓝黑漂白等布品。现有三条生产线,生产水平在国内属中等水平,年产量约 10 000 万 m。原材料主要为布、生物煤、染料。生产工艺主要是氧浮→生物煤处理→打底染色→显色→烘干。废水排放量约为 80 t/d,COD 排放浓度为 200 mg/L,企业建有 25 m³/d 污水处理站 1 座,处理工艺为"格栅+曝气调节池+絮凝沉淀+A/O 生化池+二沉池+清水池",处理后排入污水处理厂。

4. 制革行业达标技术路径

(1)行业达标技术概况分析。

清潩河流域毛皮制革工业经过多年来不断地整治提升,制革主鞣和复鞣工序产生的含铬废水经单独分流收集,通过加碱沉淀法可得到有效处理,其他生产废水以生化系统为核心,围绕不同的出水标准可选择单独的好氧及厌氧–好氧相结合的各类生物处理方法实现达标排放。

随着废水生化技术不断发展,氨氮不再是治理的难点,而敏感区域化学需氧量和总的高标准达标才是技术选择的重点。近年来,皮革行业经过不懈的探索,已经形成了一系列较为成熟的生化处理系统,主要的生物处理工艺有以下几种类型:①二级 A/O 工艺;②水解酸化+氧化沟工艺;③厌氧+A/O 工艺;④水解酸化+好氧生化+SBR 工艺;⑤多级生物强化好氧生化工艺等。这些工艺在不同进水化学需氧量、总氮和氨氮浓度下被不同排污单位灵活应用,均可以实现废水达标排放的目标。

(2)典型企业达标技术分析。

以某企业为例,该企业废水来自于水洗、浸水等准备工段,浸酸、鞣制等鞣制工段及染色、加脂等整饰工段,有机物浓度较高,可达数千毫克/升。该企业经长葛白寨污水处理厂处理后直接排放,处理工艺为"水解酸化+氧化沟",具体如图 7-8 所示。

企业各车间排放先设预沉池,能力按 200 m³/d 考虑,必要时采用加药絮凝沉淀。脱毛、脱灰、净皮、染色等综合废水采用明渠,先通过粗格栅、细格栅进入污水处理厂调节预沉池;含铬废水经碱沉淀分离,上清液进入污水处理系统重新进行生化处理。经预曝调节池经泵进入初沉淀,再经气浮、上清液进入氧化沟,废水中有机物在氧化沟内不断循环分解,通过氧化沟内曝气转盘的位置设置及调节转速,使污水在近氧化充氧器形成好氧硝化区,远离充氧器处为缺氧反硝化区及预反硝化段,经过氧化沟延时生物处理,废水中绝大部分的有机污染物和氨氮得到降解去除,再经二沉池,而后经过垂直流人工湿地和表面流人工湿地进一步处理,入河 COD≤50 mg/L,氨氮≤5 mg/L,达到本标准限值要求后排入小洪河,汇入清潩河。

5. 食品行业达标技术路径

(1)行业达标技术概况分析。

清潩河流域食品行业类型较多,其中单位产品废水产生量较大、污染严重的典型子行业主要有屠宰及肉类加工行业、豆制品行业和淀粉及淀粉制品制造行业等行业。其废水主要处理工艺流程为三级废水处理,包括预处理、生化处理和深度处理三部分,其中的预处理包括粗(细)格栅、初沉池、隔油池、调节池、混凝沉淀和气浮等;生化处理包括水解酸化、厌氧和好氧处理;深度处理包括曝气生物滤池(BAF)、生物接触氧化、生物活性炭、混凝沉淀、过滤、人工湿地等,废水回用采用膜处理。清潩河流域食品行业典型废水处理工艺如图 7-9 所示。

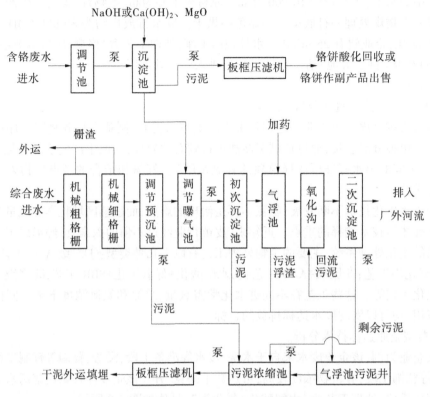

图 7-8　清溧河流域制革行业典型废水处理工艺流程

（2）典型企业达标技术分析。

以某企业为例,该企业主要来自生产过程中蒸馏发酵成熟醪时,粗塔底部排放的蒸馏残留物——酒糟(高浓度有机污水)、生产设备的洗涤水、冲洗水(中浓度有机污水),以及蒸煮、糖化、发酵、蒸馏工艺的冷却水等,进水 COD 可达 2 万~3 万 mg/L,企业废水先经企业污水处理站"UASB+CASS 好氧池"(处理工艺见图 7-10)处理后,进入临颍县产业集聚区污水处理厂进行处理。

如图 7-10 所示,企业废水在企业预处理中经"一级+二级"处理,经过格栅和调节池、中和池等物化处理后,进入厌氧单元(UASB 厌氧池),污水从厌氧污泥床底部流入与污泥层中污泥进行混合接触,污泥中的微生物分解污水中的有机物,而后进入 CASS 好氧池,在预反应区内,微生物能通过酶的快速转移机制迅速吸附污水中大部分可溶性有机物,经历一个高负荷的基质快速积累过程,这对进水水质、水量、pH 和有毒有害物质起到较好的缓冲作用,同时对丝状菌的生长起到抑制作用,可有效防止污泥膨胀;随后在主反应区经历一个较低负荷的基质降解过程。CASS 工艺集反应、沉淀、排水、功能于一体,污染物的降解在时间上是一个推流过程,而微生物则处于好氧、缺氧、厌氧周期性变化之中,从而达到对污染物的去除作用,同时具有较好的脱氮、除磷功能。而后又进入临颍县产业集聚区污水处理厂,采用"厌氧池+氧化沟+混凝反应"工艺,对废水进一步处理。

6.3.1.2　公共污水处理系统达标技术路径

（1）达标技术概况分析。

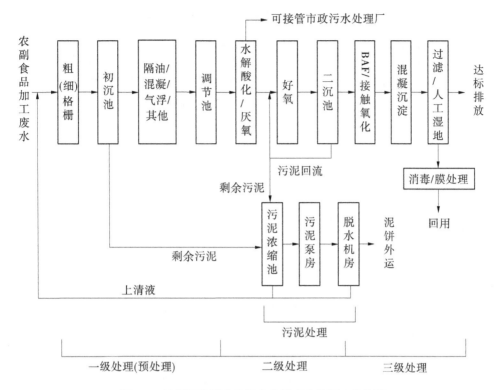

图7-9 清溪河流域食品行业典型废水处理工艺流程

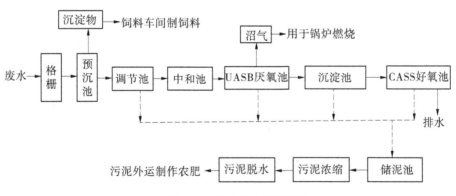

图7-10 某企业水处理工艺

清溪河流域污水处理厂水处理皆为"一级+二级+三级"处理模式。其中一级处理主要是格栅及调节池等物化处理;二级处理主要采用 A^2/O 和氧化沟工艺,通过生化反应过程分解有机物等;三级处理采用混凝沉淀方法较普遍,进一步去除有机物等水污染物,保证达标排放。如图7-11所示为清溪河流域污水处理厂较为典型的污水处理工艺。

(2)典型污水处理厂达标技术分析。

以某污水处理厂为例,该污水处理厂位于产业集聚区内东南部,一期工程于2013年7月建成投运,一期设计处理规模为3万t/d。采用卡鲁塞尔氧化沟工艺,深度处理单元采用混凝—沉淀—过滤工艺;考虑深度处理单元和远期污水回用的需要,出水消毒采用紫

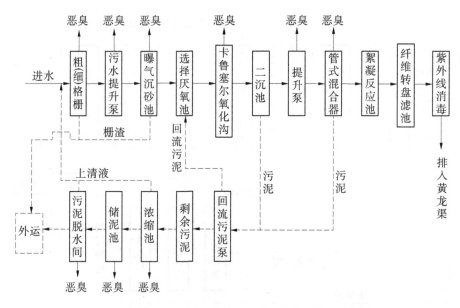

图 7-11 清潩河流域污水处理厂典型废水处理工艺流程

外线消毒方式。项目总投资 9 682 万元,已经于 2013 年 7 月建成投入运营。随着经济社会不断发展,进行了扩建,扩建工程污水处理规模为 3 万 m³/d,污水处理工艺为预处理工艺、生化处理工艺、深度处理工艺。污水处理厂废水排入黄龙渠,最终汇入清潩河。临颍县第二污水处理厂设计出水满足《城镇污水处理厂污染物排放标准》(GB 18918—2002)中一级 A 标准,其工艺流程如图 7-12 所示。

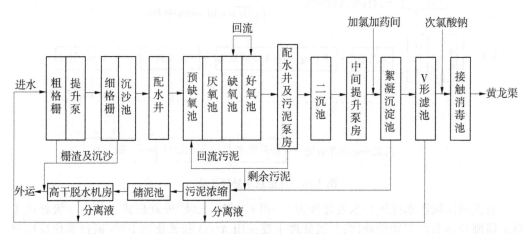

图 7-12 某污水处理厂处理工艺

如图 7-12 所示,污水进入污水处理厂后,经过了"一级+二级+三级"的处理。

◇经粗格栅去除较大悬浮物和漂浮物后,由潜污泵提升至细格栅和曝气沉砂池,以进一步去除污水中的悬浮物和无机性的砂粒,沉砂池出水经配水配泥井进入生物池。

◇二级处理工艺采用改良 A²/O 生化池,分别设置预缺氧池、厌氧池、缺氧池和好氧池。①让 10%~20% 的原水和二沉池的回流污泥从该段进入,反硝化菌利用这部分进水中的有机物作为碳源,将回流污泥中的硝态氮还原为氮气,排出系统。②厌氧池内的聚磷菌在厌氧状态下分解体内的多聚磷酸盐产生能量并释放出大量的磷酸盐维持聚磷菌的代谢。在好氧条件下聚磷菌从污水中超量吸收磷,将磷以聚磷酸盐形式储藏在细胞内,形成高磷污泥,通过剩余污泥排出,从而达到除磷的目的。③缺氧段除具备降解有机物 BOD 的功能外,主要还负有反硝化的作用,以去除 TN,保证出水全面达标。④好氧段具有降解有机物和除磷的功能,是整个污水处理厂的核心构筑物,其运行情况直接影响污水处理厂的出水。

◇三级处理主要为高效絮凝沉淀+V 形滤池。使用混凝剂脱稳,高分子絮凝剂聚集悬浮物,斜板(管)沉淀去除悬浮物,对高效絮凝沉淀池出水进行过滤,进一步去除 TP、SS 等指标,使出水水质稳定达标。

实践证明,经过污水处理厂的三级处理后,出水 COD≤40 mg/L,氨氮≤2 mg/L,TN≤15 mg/L,TP≤0.4 mg/L,达到本标准限值要求后排入黄龙渠,汇入清潩河。

6.3.2　达标经济分析

以流域内的典型企业和污水处理厂作为案例,分析其达标经济投入情况和经济收支情况,主要考虑两个方面:①成本—效益分析,即对本标准实施以后,企业因提标改造引起的固定成本(基建投资)、运维成本及取得的经济效益情况进行分析;②达标经济可行性分析,即根据本标准实施前后的成本效益情况及污染物排放情况,剖析典型企业的达标成本,分析本标准的经济效率与可行性。

(1)某企业。

根据收集资料,其技改工程经济成本、运维成本及水处理效果如表 7-28 所示。

表 7-28　某公司经济效益分析

序号	项目		数值
1	技改总投资(万元)		6 000
2	技改水处理投资(万元)		1 200
3	运行费用(元/t 产品)		128.26
4	销售利润(元/t 产品)		800
5	COD 排放浓度(mg/L)	技改前	148
		技改后	≤30
6	BOD 排放浓度(mg/L)	技改前	52.5
		技改后	≤10

①成本—效益分析:由表 7-28 可以看出,技改总投资 6 000 万元,完成后,全厂总规模为年产 10 万 t 化学浆、10 万 t 文化纸,全厂年废水处理成本为 1 282.6 万元,折合吨产品废水处理成本为 128.26 元,企业文化纸销售利润约为 800 元/t 产品,废水处理成本占产品销售利润的 16%。一般来讲,小型造纸企业废水处理成本占总投资的 30%~40%,大型企业则为 10%左右。因此,该企业废水处理成本占利润的比例是合理的,企业是可承受的,废水处理工艺在经济上是可行的。

②达标经济可行性分析:由表7-28可以看出,技改后,该企业采用"一级+二级+三级"的处理工艺,深度处理采用芬顿氧化等工艺,根据《制浆造纸工业水污染物排放标准》编制说明,三级处理成本在4.5元左右。本企业吨产品废水处理成本为128.26元,产品设计规模为294 t/d,吨水处理成本为5.13元,相对较高,但是很大程度降低了污染物排放水平,COD≤30 mg/L,BOD≤10 mg/L,达到本标准要求,避免了技改前超标排放而引起的经济损失。因此,在本标准严格的排放要求下,企业为保证达标而进行的改造升级在经济上是合理的。因此,评价认为,企业在保证达标的同时近一步降低了水污染物排放,从经济上是合理可行的。

（2）某污水处理厂。

根据收集资料,临颍县第二污水处理厂扩建工程经济成本、运维成本及水处理效果如表7-29所示。

表 7-29　某污水处理厂达标经济可行性分析

项目	2014 年	2015 年	2016 年	2017 年
总投资(万元)	10 202			
环保投资(万元)	100(总投资的0.98%)			
吨水处理费用(元/t 水)	1.68	1.48	1.38	1.32
COD 达标率(%)	98.48	100	100	100
氨氮达标率(%)	100	100	100	100

注:吨水处理费用包括人力成本、电费、水费、药品费、配品配件、维修费用等。

由表7-29可以看出,环保投资在某污水处理厂的扩建总投资中占比较低,仅占0.98%。另外,自本标准颁布以来,污水处理厂水厂污染物达标率逐年提高,2015～2017年全部稳定达标。与此同时,吨水处理费用水平较低,且呈现逐年减少的趋势,从2014年的1.68元/t水降低到了2017年的1.32元/t水,即在保证达标率的同时降低了吨水处理成本。根据《制浆造纸工业水污染物排放标准》编制说明,三级处理成本在4.5元左右。本污水处理厂主要处理工业废水,且使用"一级+二级+三级"处理工艺,多年来处理成本在1.5元左右,因此评价认为污水处理厂在保证达标的同时,在经济上是合理可行的。

7　实施保障情况评估

从标准实施后环境管理制度的配套保障、标准与地方规划和专项行动的一致性、经济保障、监察与监测建设和公众反应对标准实施保障情况进行定性评估。

7.1　环境管理制度保障作用评估

7.1.1　排污许可证和重点排污单位管理

流域污染物排放标准为流域水质达标和改善提供了环境管理的依据,其实施与其他环境管理制度相辅相成,与流域环境准入、排污许可证制度和环评审批等同属于行政管理手段。

7.1.1.1 相关管理制度建设

在清潩河流域污染物排放标准颁布实施后,许昌市于 2015 年下发了《许昌市重点排污单位排污许可证管理意见》(许环〔2015〕91 号),文件中规定申请许可证企业排放主要污染物达到国家和地方污染物排放控制标准要求,清潩河流域污染物排放标准作为地方污染物排放控制标准,成为排污许可证核发的重要参考和达标前提。

在此基础上,许昌市环保局会同各县(市、区)环保局定期制定《重点排污单位名录》,名录中重点排污企业均需申请并按照排污许可证要求排放重点污染物,安装污染物排放自动监控设施并与环保部门联网,环境监察机构负责对重点排污单位排污口进行规范化管理,定期开展重点排污单位排污许可执行情况监督检查,对发现的违规违法行为提请法制部门立案查处。

7.1.1.2 执行流域标准企业管理制度执行情况

根据本标准控制对象要求,经过产业调整与整合,目前流域内(许昌市)共 10 家企业执行清潩河流域污染物排放标准,其中 7 家为集中式污水处理厂,1 家火力发电厂,2 家豆制品厂。许昌新发展实业有限公司和河南质源豆制品利用河南飞达技术产业股份有限公司锅炉蒸汽进行生产,依托飞达污水处理厂对公司产生的废水进行处理,出水按照清潩河污染物排放标准执行。

其中 9 家企业有相关环评和验收批复或建设备案,8 家申领了排污许可证,根据排污许可证污染物排放浓度标准,除长葛市污水净化公司和长葛市城南污水净化有限公司(长葛市清源水净化公司)外,其他企业排水浓度均等于或严于本标准的规定浓度。

除长葛市城南污水净化有限公司(长葛市清源水净化公司)外,其余企业均达标排放,无违法情况发生,针对其超标排放问题,许昌市环保局于 2016 年 11 月 28 日以许环罚〔2016〕15 号文对其进行了行政处罚。执行流域标准企业环评管理和排污许可证情况见表 7-30。

表 7-30 执行流域标准企业环评管理和排污许可证情况

编号	所在区(县)	企业名称	环评批复及验收文号	排污许可证情况	执行排放标准	违法行为处理情况
1	长葛市	长葛市恒光热电有限责任公司发电分公司	批复文号:豫环审〔2009〕42 号 验收文号:豫环审〔2012〕90 号	排污许可证号:豫环许可许字82005 号;总量:化学需氧量3 t/a、氨氮 0.3 t/a;最高允许排放浓度:化学需氧量 50 mg/L、氨氮 5 mg/L	本标准表1	无违法行为

编号	所在区(县)	企业名称	环评批复及验收文号	排污许可证情况	执行排放标准	违法行为处理情况
2	建安区	河南质源豆制品有限公司	许环建审〔2005〕107号	无,污染物浓度范围:COD 50 mg/L,氨氮5 mg/L	《清潩河流域水污染物综合排放标准》(DB 41/790—2013)表1标准	无违法行为
3	建安区	许昌新发展实业有限公司	—	无	《清潩河流域水污染物综合排放标准》(DB 41/790—2013)表1标准	无违法行为
4	东城区	许昌瑞贝卡水业有限公司污水净化分公司	一期:环评批复:豫环监〔1996〕132号,验收:许计投资〔2004〕206号 二期:环评批复:豫环监表〔2007〕15号,验收:许发改城市〔2011〕469号	排污许可证号:豫环许可许字10033号;化学需氧量2 920 t/a,排放浓度50 mg/L;氨氮292 t/a,排放浓度5(8) mg/L	出水指标达到《城镇污水厂污染物排放标准》(GB 18918—2002)一级A标准及本标准。自2016年起,出水指标COD 30 mg/L,氨氮2 mg/L,总磷0.4 mg/L,其他指标执行一级A标准	无违法行为
5	长葛市	长葛市污水净化公司	一期环评批复:豫环监〔1998〕121号;一期验收:豫环保验〔2006〕22号; 二期环评批复:许环建审〔2010〕263号;二期验收:长环建验〔2016〕15号	排污许可证号:豫环许可许字8200号;化学需氧量821.25 t/a、氨氮82.12 t/a;化学需氧量50 mg/L,氨氮5(8) mg/L	《城镇污水处理厂污染物排放标准》(GB 18918—2002)表1一级A标准	无违法行为

编号	所在区(县)	企业名称	环评批复及验收文号	排污许可证情况	执行排放标准	违法行为处理情况
6	建安区	建安区三达水务有限公司	环评批复:豫环监表〔2007〕45号;验收文号:许环建验〔2009〕70号	排污许可证号:豫环许可许字23021号;排放总量:化学需氧量584 t/a、氨氮73 t/a;排放浓度:化学需氧量40 mg/L、氨氮5 mg/L	《城镇污水处理厂污染物排放标准》(GB 18918—2002)表1一级A标准。化学需氧量31.04~39.04 mg/L,氨氮1.34~4.33 mg/L	无违法行为
7	经开区	许昌市屯南三达水务有限公司	一期批复:许环建审〔2012〕19号,验收文号:许环建验〔2014〕32号	2014年8月申领排污许可证。其排放浓度限值:COD<50 mg/L、氨氮<5 mg/L;总量控制指标COD<547.5 t/a、氨氮<54.75 t/a	《城镇污水处理厂污染物排放标准》(GB 18918—2002)表1一级A标准	无违法行为
8	长葛市	长葛市城南污水净化有限公司(长葛市清源水净化有限公司)	环评批复:豫环监表〔2007〕54号;验收文号:许环建审〔2015〕10号	排污许可证号:豫环许可许字82009号;总量:化学需氧量292 t/a、氨氮36.5 t/a;排放浓度:化学需氧量50 mg/L、氨氮5(8) mg/L	《城镇污水处理厂污染物排放标准》(GB 18918—2002)表1一级A标准	由于清源污水处理系统2016年8月、9月、10月连续遭受异常工业废水冲击,导致出水COD和氨氮出现多次超标,许昌市环保局2016年11月28日以许环罚〔2016〕15号文对其进行了行政处罚
9	魏都区	许昌宏源污水处理有限公司	批复文号:许环建审〔2015〕96号,尚未进行验收	排放总量:COD<730 t/a、氨氮<73 t/a;排放浓度:COD<50 mg/L,氨氮<5 mg/L	《城镇污水处理厂污染物排放标准》(GB 18918—2002)表1一级A标准	无违法行为

编号	所在区(县)	企业名称	环评批复及验收文号	排污许可证情况	执行排放标准	违法行为处理情况
10	东城区	许昌市东城三达水务有限公司	许环建审〔2011〕301号,许环评备〔2016〕,未验收	排污许可证:豫环许可许字10047号;化学需氧量438 t/a,排放浓度40 mg/L;氨氮219 t/a,排放浓度2 mg/L	《城镇污水处理厂污染物排放标准》(GB 18918—2002)一级A标准	无违法行为

7.1.2 严格环境准入

清潩河流域于2014年7月1日前全面执行到位,为此许昌市环保局组织开展了"零点行动",对涉水企业全面检查,对未达标的长葛市伊兴皮革公司实施停产治理,关闭拆除宏伟实业集团有限公司三分厂造纸生产线,淘汰造纸产能7.5万t,对向宏源污水处理厂排污的重点企业实施了限产限排措施。

在淘汰落后产能方面,市工信局、魏都区政府与此同时许昌市环保、发改、工信、国土、规划等部门联合制定了《许昌市建设项目准入禁止、限制区域和项目名录》并逐年更新,坚决杜绝高耗能、高耗水、高排放、重污染项目建设,全面推进规划环境影响评价和总量预算制度,形成建设项目环境准入联控合力,严格禁止重污染项目建设,禁止新上造纸、纺织品印染、制革等项目;新上工业企业原则上全部入驻产业集聚区或工业园区,特殊行业企业推行"退城入园";淘汰调整重污染行业产能,压缩经济贡献不高但污染负荷大的造纸、制革企业产能,先后淘汰了宏伟、宏腾、宇旭等造纸企业61条生产线,压缩造纸产能22万t,每年减少排入河道化学需氧量722 t、氨氮14.5 t。长葛市政府通过对白寨制革园区实施停产整治,积极引导制革企业转型发展,目前已有60余户不再从事制革生产,转产从事陶瓷、机械食品加工、商业流通等产业。

通过严格环境准入,加大产业结构调整,有力保障了本标准的执行。

7.2 地方规划与专项行动保障作用评估

本标准颁布前后,许昌市正值"十二五"环保规划实施中后期,流域标准作为环保规划的落实手段,从水质、产业结构调整等方面不仅保障了"十二五"环保规划,也保障了"十三五"环保规划的实施。

在本标准实施同期,许昌市还开展了清潩河综合整治行动计划,行动计划设置消除城区段的劣V类水体,实现清潩河水质变清的工作目标任务,其目标与流域标准制定时的控制目标相同,二者具有较高的统一性,在污染源排放控制任务中,本标准也成为行动计划的重要抓手。在行动计划实施效果评估中,本标准的实施作为环境管理行动的重要组成部分纳入其中,促进了行动计划目标的实现。

在此期间,许昌市还开展了清洁河流行动,鼓励污染物排放达到国家或者地方排放标准的企业自愿组织实施清洁生产审核。对超标和超总量排放的企业、排放重金属等有毒有害物质的企业、直接排入城市河道的企业,实行强制性清洁生产审核。

进入"十三五"后,许昌市实施了水生态文明建设,编制了"十三五"生态环境保护规划,其中要求进一步加强污染源排放管理,保证达标排放,通过标准实施数年的落后产能淘汰和达标排放管理,为"十三五"时期水环境改善垫定了良好的基础。2018年,河南省发布了《河南省污染防治攻坚战三年行动计划》通知,其中要求2020年许昌市国家考核断面水质达到或优于Ⅲ类,面对更严格的水质目标要求,清潩河流域污染物排放标准已不能起到进一步的保障作用。标准与地方规划与专项行动的协调性见表7-31。

表 7-31　标准与地方规划与专项行动的协调性

规划或行动名称	实施年份	与流域标准相关实施内容	标准所起作用
许昌市"十二五"环保规划	2010~2015	—	落实保障规划实施
清潩河综合整治行动计划	2013~2018	清潩河水环境综合整治行动计划中明确将流域标准的实施纳入其环境管理行动的重要组成部分,在行动计划效果评估中,二者相辅相成,极大促进了标准的顺利实施	相互促进
许昌市河流清洁行动计划	2014~2016	深入推进重点行业清洁生产,鼓励污染物排放达到国家或者地方排放标准的企业自愿组织实施清洁生产审核。对超标和超总量排放的企业、排放重金属等有毒有害物质的企业、直接排入城市河道的企业,实行强制性清洁生产审核	相互促进
许昌市水生态文明建设	2015~2019	制定完善的生态文明标准体系,加快制定一批能体现许昌特点的能耗、水耗、地耗、污染物排放、环境质量等方面的地方标准,实施能效和排污强度"领跑者"制度,实施生态文明标准化建设	垫定基础
许昌市"十三五"环保规划	2015~2020	—	垫定基础
许昌市污染防治攻坚战三年行动实施方案	2018~2020	其目标指标已经高于本标准要求,对标准执行有促进作用,但标准对其辅助作用不明显	垫定基础,标准已落后于计划要求

7.3　经济政策保障作用评估

7.3.1　排污费和环保税征收

征收排污费是国家进行环境管理的重要经济手段和措施,符合发改委《关于调整排污费征收标准等有关问题的通知》(发改价格〔2014〕2008号)和环境保护部办公厅《关于执行调整排污费征收标准政策有关具体问题的通知》(环办〔2015〕10号)要求。

企业废水排放口排放的污染物,外排污染物的浓度值超过国家或地方规定污染物排放标准的,或污染物排放量超过规定排放总量指标的,对该种污染物按规定的征收标准加一倍征收排污费。对于应用污染源自动监控数据核定的企业,一个自然月内有一个排放浓度日均值超过国家或地方规定污染物排放标准的,应认定该污染物该月排放浓度超标。

此外,对于企业污染物排放浓度值低于国家或地方规定的污染物排放限值50%以上的,按月、按污染物减半征收排污费。可见,排污费的征收从经济惩罚或激励方面极大保障了流域污染物排放标准作为地方标准的执行。

许昌市在排污费征收方面严格根据《排污费征收使用管理条例》等法律法规规定,对相关企业征收排污费,对拖欠缴纳企业进行处罚,并进行公示。

2018年1月1日起,国家《环境保护税法》正式施行,排污费实现了"费改税",环保税通过构建"两个机制"来发挥税收杠杆和保障作用,其中之一是"多排多征、少排少征、不排不征"的正向减排激励机制。环境保护税针对同一污染危害程度的污染因子按照排放量征税,排放越多,征税越多;同时,按照不同危害程度的污染因子设置差别化的污染当量值,实现对高危害污染因子多征税。环保税的征收能够进一步促进企业达标排放,保障流域污染物排放标准的执行。

7.3.2 生态补偿

许昌市颁布了《许昌市水环境质量生态补偿暂行办法》,其中明确规定,按照谁污染、谁赔偿,谁治理、谁受益的原则,对各县(市、区)进行奖励或处罚,适用于包括清潩河在内的区域内五大河流,该办法规定,水环境质量生态补偿包括地表水考核断面、饮用水水源地、南水北调中线工程许昌段和水环境风险防范的生态补偿,生态补偿资金按月度兑现,生态补偿制度作为一种经济手段,将达标排放纳入经济考核,切实增强各县(市、区)改善水环境质量的责任感和紧迫感,较好地保障了流域排放标准的实施和执行。

另外,许昌市还在全市范围内试行生态环境损害赔偿制度,明确了赔偿范围、赔偿权利人、赔偿义务人等,建立了生态环境损害修复和赔偿长效机制。

7.4 环境监测和执法能力保障作用评估

7.4.1 环境监管与执法

7.4.1.1 实施网格化监管

根据《河南省人民政府办公厅关于转发省环保厅河南省环境监管网格化实施指导意见的通知》(豫政办〔2016〕60号),按照省、市环境监察网格化精细化管理总体目标,许昌市以环境监管方式创新为抓手,实施"分块管理、网格划分、责任到人"的网格化监管模式。许昌市监察大队于年初制定《环境监管网格化管理工作实施方案》《环境监察大队内部机构及职责》《环境监察大队岗位职责和责任分工台账》,通过建立工作台账,签订"环境监察网格化管理责任表"及各责任人的工作台账,进一步细化了环境监察工作。根据调查,各县区现已建立环境监管网格体系,设置污染防治监管台账,明确企业管理网格长、网格员、巡逻员、监督员,制订了日常监管和巡查计划,实行"五定"(定区域、定人员、定职责、定任务、定奖惩)。

7.4.1.2 实行"双随机"抽查执法

根据《河南省环境保护厅关于认真贯彻落实环保部在污染源日常环境监管领域推广随机抽查制度实施方案的通知》(豫环文〔2015〕215号),许昌市认真贯彻落实污染源日常监管随机抽查制度,完善了抽查企业名录。建立了针对全市范围内具有随机抽取功能的污染源日常监管动态信息库,国、省、市控重点企业全部入库,现场检查人员名单全部入库。污染源信息库根据污染源潜在环境风险按重点排污单位、特殊监管对象、一般排污单位分级建设,不同级别的污染源随机抽查比例不同。目前,全市已入库国、省、市控重点企业和一般排污单位 1 175 家。

开展随机抽查工作。环境监察人员采取实地检查和资料查阅等方式,对企业生产工况、污染防治设施运行管理、环保制度落实情况及固体废物处理处置管理等内容进行检查,对存在违法违规的企业都现场下达了《纠正违法行为通知书》,并及时将检查情况上传至省厅的"双随机"系统,接受上级的检查。

7.4.1.3 其他监管执法行动

此外,许昌市积极开展"整治违法排污企业、保障群众健康"环保专项行动。共对 325 家企业下发了纠正违法行为通知书,立案处罚企业 37 家,对 36 家企业实行挂牌督办,2 家企业被列入"黑名单";开展了法律培训。对 300 家国、省、市控企业和重点排污企业法人代表进行了培训,切实提高企业环境保护意识,并使其明确社会责任。加强了环保执法队伍建设,成立了长葛市环保警察大队。

7.4.2 环境监测与监控

重点源在线监测、监督性监测和企业自行监测形成流域监测系统,对标准实施情况提供重要的支撑作用。

许昌市环境监控信息中心按照《污染源自动监控设施现场监督检查办法》(环保部令第 19 号)的要求,每月对流域内 7 家城市污水处理厂[许昌市瑞贝卡水业有限公司污水净化分公司、长葛污水处理厂、长葛市城南污水净化有限公司(长葛市清源水净化有限公司)、建安区三达水务有限公司、许昌宏源污水处理有限公司、许昌市屯南三达水务有限公司]污染源自动监控设施进行例行检查,填写例行检查表,按月汇总、装订。对检查中发现的问题,及时对企业和第三方运维服务单位下达限期整改,要求所属县(市、区)环境监控部门负责督促整改、落实到位,并将整改结果反馈市监控中心。

许昌市环境监控信息中心按照《河南省重点污染源自动监控基站运行管理考核细则(试行)》(豫环文〔2011〕170 号)和《河南省重点污染源自动监控基站运行考核办法》(豫环文〔2015〕127 号)的要求,每月对运营服务单位进行考核。

此外,将日废水排放量 100 t 以上或化学需氧量排放量 15 kg 以上的企业、重金属污染物排放企业、废水直接排入河流的企业和环评审批有明确要求的企业,作为安装在线监测设备实施自动监控的重点企业,分阶段在重点河流建设水质自动监测站。列入年度国家和省重点监控企业名单以及新、改、扩建项目需建设自动监控基站的,必须按期完成并稳定运行。

在环境监察方面,临颍市环境监察部门通过配备暗管探测仪查找地下暗埋的管道,查找污水偷排现象,一经发现即给予查处和处罚并要求整改。环境监测和执法能力建设保障见表 7-32。

表 7-32　环境监测和执法能力建设保障

建设内容	时间	与标准实施相关措施	与标准协调性
网格化监管	2016 年	(1)《环境监管网格化管理工作实施方案》； (2)《环境监察大队内部机构及职责》； (3)《环境监察大队岗位职责和责任分工台账》； (4) 签订"环境监察网格化管理责任表"	较好
"双随机"执法	2015 年	(1) 完善了抽查企业名录； (2) 建立了针对全市范围内具有随机抽取功能的污染源日常监管动态信息库； (3) 对存在违法违规的企业都现场下达了"纠正违法行为通知书"； (4) 将检查情况上传至省厅的"双随机"系统	较好
监控系统建设	2010 年	(1) 污染源自动监控设施进行例行检查； (2) 每月对运营服务单位进行考核； (3) 日废水排放量 100 t 以上或化学需氧量排放量 15 kg 以上的企业 (4) 重金属污染物排放企业； (5) 废水直接排入河流的企业； (6) 环评审批有明确要求的企业； (7) 以上四类作为安装在线监测设备实施自动监控的重点企业，分阶段在重点河流建设水质自动监测站； (8) 配备暗管监测仪	较好

7.5　公众参与与信息公开作用评估

许昌市环保局每年制订政务公开工作实施方案，及时公开建设项目环境影响评价信息。除涉密项目外，全面公开建设项目环评信息，全本公开环评文件和批复文件；公开建设项目竣工环保验收信息。依据建设项目竣工环境保护验收的有关规定，全文公开建设项目验收信息，全文公开验收批复文件；公开环境污染费征收信息。根据《排污费征收使用管理条例》等法律法规规定，每季度对应征收企业名称、征收时段、征收额进行公示；公开国控企业污染物自动监控信息。依据国家相关文件规定，及时对辖区内国控企业污染物排放情况及排污信息进行公开；公开国家重点监控企业污染源监督性检测信息。按照相关规定，对国家重点监控企业污染源监督性检测信息及时公开；公开群众举报投诉重点环境问题处理情况；行政许可及行政处罚公示。涉及环境保护行政审批、处罚、许可及时公开(见表 7-33)。

表 7-33　信息公开实施要求

公开内容	具体要求	与标准相关性
建设项目环境影响评价信息	落实《建设项目环境影响评价信息公开机制方案》,及时公开建设项目环境影响评价信息。除涉密项外,全面公开建设项目环评信息,全文公开环评文件和批复文件	高
建设项目竣工环保验收信息	依据建设项目竣工环境保护验收的有关规定,全文公开建设项目验收信息,全文公开验收批复文件	高
环境污染费征收信息	根据《排污费征收使用管理条例》等法律法规规定,每季度对应征收企业名称、征收时段、征收额进行公示	高
国家重点监控企业污染源监督性检测信息	按照相关规定,对国家重点监控企业污染源监督性检测信息及时公开	高
公开群众举报投诉重点环境问题处理情况	—	一般
行政许可及行政处罚公示	涉及环境保护行政审批、处罚、许可及时公开	高

据统计,2017 年许昌市通过主动公开政府信息数 565 条(见表 7-34),建设有政府公报、政府网站、政务微博、政务微信等多种公开平台,全方面和高效的信息公开制度为本标准的实施搭建了监督平台,促进了公众参与。

表 7-34　2017 年许昌市政务公开统计情况

统计指标	单位	统计数
一、主动公开情况	—	
(一)主动公开政府信息数 (不同渠道和方式公开相同信息计 1 条)	条	565
其中:主动公开规范性文件数	条	6
制发规范性文件总数	条	6
(二)通过不同渠道和方式公开政府信息的情况	—	
1.政府公报公开政府信息数	条	1
2.政府网站公开政府信息数	条	565
3.政务微博公开政府信息数	条	35
4.政务微信公开政府信息数	条	432
5.其他方式公开政府信息数	条	8

8 流域标准实施效益评估

8.1 环境效益

(1)标准实施对流域污染物排放削减的作用明显。

本标准实施后,流域工业废水主要污染物 COD 和氨氮排放量呈逐年下降趋势,标准实施对流域污染物排放削减的作用明显,2017 年较标准实施前(2012 年)COD、氨氮减排量分别为 3 191.16 t、152.07 t,排放量分别下降了 87.24% 和 89.77%。此外,对流域排放入河的重点监控企业排放量进行逐年分析,从 2013~2017 年,根据本标准限值要求,流域内重点源均能达标排放,在污水处理厂排放保持稳定的条件下,流域工业污染物总量实现减排。

(2)水质达标和改善情况好于标准制定预期。

本标准实施以前,清潩河省控高村桥断面为劣 V 类水质,陶城闸断面为 V 类水质,标准实施以后,两个断面 2013~2017 年水质均呈现逐年提升趋势,COD、氨氮、总磷主要污染物浓度逐年降低,高村桥断面水质由 2013 年的劣 V 类提升为 2017 年的 IV 类,陶城闸断面水质由 2013 年的 V 类提升至 2017 年的 V 类。特别是在流域工业集中的许昌市,3 个市控断面 2017 年水质均在 III 类~IV 类,水质改善明显,极大超出标准制定时预计 39% 河段达到 IV 类水质的预期。

(3)优化了流域内污染源的排放方式。

本标准主要限制清潩河流域内直排入河污染物浓度,自标准实施以来,流域直排企业数基本呈逐年减少趋势,由 2013 年的 26 家直排单位减少为 2017 年的 21 家,其中原直排企业有 6 家改为间排,有 16 家停产,这与本标准对排污管控的加严密切相关,本标准促使不符合排放标准企业由直排入河改为纳入城镇污水处理厂间接排放,淘汰小、散企业等方式,实现了流域内污染源排放方式的优化,促进了工业污染物的深度削减。

8.2 产业效益

8.2.1 促进了产业结构优化

2017 年三次流域产业结构为 6∶64∶30,较 2013 年的 8∶71∶21 显示出第二产业稳定调整,第三产业快速发展的趋势,经济发展对第二产业依赖性稳中有降。2013 年,清潩河流域重点行业为煤炭开采和洗选,文教、工美、体育和娱乐用品制造业,农副食品加工业,纺织业,皮革、毛皮、羽毛及其制品和制鞋业 5 个行业;2017 年,清潩河流域重点行业为煤炭开采和洗选,造纸和纸制品业,文教、工美、体育和娱乐用品制造业 3 个行业;2017 年较 2013 年,企业数量变化最大的为其他行业企业,多为高新技术产业,传统优势产业除文教、工美、体育和娱乐用品制造业(发制品行业)平稳发展中有所增加外,其余传统产业企业数量均有不同程度的减少。

8.2.2 促进了落后产能淘汰

本标准制定的重要目的之一就是助推流域深化结构调整、产业转型,从环保角度促进当地产业规划发展目标的实现,特别是促进造纸行业深度治理和落后产能淘汰,制革行业深度治理,发制品行业集中发展,纺织行业深度治理或淘汰。标准实施前的 8 家造纸直排企业经调整仅剩余 5 家,其中 3 家破产或停产,2 家按照行业标准间接排放,均能做到达标排放,污染物排放总量较标准实施前缩减 75%,产量由 97.6 万 t(2013 年)降至 58.8 万 t(2017 年),缩减 40%。印染行业产能缩减,污染物排放量缩减,第一漂染厂污染物排放量由标准实施前的 COD 129.6 t/a、NH_3-N 21.2 t/a 减少至 COD 2.16 t/a、NH_3-N 0.288 t/a,且行业企业废水均进入污水处理厂处理后排放。皮革行业经过停产治理后污染物排放量大幅度削减。发制品行业企业原直排企业部分进入污水处理厂,部分破产注销,现有企业废水均经过污水处理厂或集中处理后排放。从排污总量上分析,2017 年较 2013 年企业总数增加了 27 家,但废水排放量和主要污染物排放总量及排放浓度均大幅度下降,其中废水排放量下降了 19.60%,COD 排放总量下降了 41.55%,氨氮排放总量下降了 77.86%,废水落后产能淘汰明显。

8.3 社会效益

(1)支撑环境监管。

本标准实施前,流域各行业标准不一,限值差异较大,因子控制不全,无法体现标准"指南针""紧箍咒"的作用,且许昌市已采取行政手段要求企业执行更严格的排放标准,但由于没有依据,执行效果并不理想,流域标准的颁布为许昌市环境监管和执法提供了依据,统一了直接排放入河企业的排放标准,对污染关键因子进行了控制,符合许昌市社会发展和环境改善的需要。

(2)促进民生改善。

通过本标准的实施,清潩河水环境质量得到较大改善,河水由原来的劣 V 类水质提升至 IV 类水质,满足了景观用水条件,提高了居民感官感受,结合许昌市水生态文明城市建设,已然形成了"五湖四海畔三川,两环一水润莲城"的水系新格局,促进了民生改善,提升了人民的幸福感。

(3)提升就业水平。

本标准的实施引导流域实现了产业调整与转型,淘汰了部分落后产能,社会人才由高耗能、低增长企业向规模化、集聚化大型企业和高新技术企业流动,提升了流域就业率和就业水平。

(4)促使全民治污。

通过标准的颁布和实施,使达标排放和污染治理观念深入人心,企业管理者和流域居民对企业发展和生活环境有了进一步的认识和思考,通过超标排放举报、处罚、公示等手段,促使全民参与环境保护,营造出全民治污的环保氛围。2013~2017 年与清潩河污染相关的举报件分别为 19 件、12 件、3 件、6 件和 2 件,总体来说,2015~2017 年举报件数量与标准实施前相比显著减少。环境举报件总数相差不大,说明百姓对许昌市环境的关注度并未下降,与此同时清潩河水污染相关举报件减少,说明许昌市清潩河流域水环境整治确实取得了较好成效,百姓认同度比较高。

9 标准实施与完善建议

本标准经过多年实施,取得了良好的效果,但是随着标准使用时间的延长、流域实际情况的变化,标准也出现了许多问题,本部分在对国内外环境形势分析、标准现有不足之处分析的基础上,分析原标准继续使用和标准全面修订两种情景对流域的影响。

9.1 环境形势分析

(1)流域标准制定形势变化。

通过近年发布实施的流域标准可以看出,在流域标准的实施上更加注重分区域差别化制定标准,标准限值也相对现行的综合排放标准、行业排放标准更为严格,《流域水污染物排放标准制修订技术导则》(征求意见稿)中也提出流域标准的制定应体现质量改善目标性、减排要求科学性、技术经济可行性、综合施策系统性、精细化管理。总结而言,为适应流域环境管理不断变化的需求,流域标准应体现环境质量改善的需求、减排需求、技术经济可行性及与流域相关规划、计划的协调系统性。

①环境质量改善需求。

流域标准应体现环境质量改善的目标性,以控制单元划分、相应水环境功能目标及水环境问题识别为基础,围绕水质不达标或存在不达标风险的流域控制单元水环境质量改善要求,针对超标因子及存在超标风险的因子,提出较行业型或综合型水污染物排放标准更严格的排放控制要求。

②减排要求科学性。

流域标准应根据水环境质量改善需求和污染物排放现状,通过适用模型推导得到污染物入河排放量减排要求,优化分配流域型排放标准管控的固定源的减排要求,在基于技术的排放限值基础上,考虑水质目标要求,科学确定基于水质的排放限值。

③技术经济可行性。

对基于水质改善需求提出的排放限值应进行技术经济论证,提出达标技术路线、经济成本等缝隙,结合可行性分析,反馈调整拟定的流域排放限值,实现合理、最优控制。

④与流域相关规划、计划的协调系统性。

流域污染物排放标准应在相关流域水污染防治规划、限期达标规划相衔接,从流域的分区方面、标准限值方面进行衔接,区域核心控制单元、优先控制单元、一般控制单元,重点污染源及一般污染源,系统推进流域水环境质量改善。

(2)流域环境污染攻坚要求日益提高。

在国家《水污染防治行动计划》《全面加强生态环境保护 坚决打好污染防治攻坚战的实施意见》的要求下,河南省近年来也开展了大量工作,相继印发《河南省碧水工程行动计划》《河南省污染防治攻坚战三年行动计划(2018~2020年)》,从提出以环境质量改善为核心,到坚决打好污染防治攻坚战,对水环境质量改善的要求日益提高,根据《河南省污染防治攻坚战三年行动计划》(2018~2020年),到2020年,许昌市、漯河市国家考核断面水质达到或优于Ⅲ类,其中包括清潩河流域。

(3)流域环境管理形势发生变化。

流域水污染物排放标准是地方环保部门监管执法的重要依据,清潩河流域水污染物排放在许昌市和临颍县水污染排放中占绝对比重,同时又是其经济发展的重地,抓住流域水污染物排放这个主要矛盾,才可能实现两个地区水污染物总量控制和减排目标。加强排放控制是唯一经济可行的途径,因此必须通过制定地方水污染物排放标准体系来强化水污染物排放管理。目前,许昌市和临颍县在相关文件中对部分排污单位提出了严于本标准的排放限值要求,但这些新的环境管理需求缺乏相应的法律依据,也没有足够的经济技术可行性分析相支持。

9.2　标准现有不足之处

虽然本标准的实施对水质改善起到了一定的积极作用,但从多年的实施效果来看,仍存在一些问题:

(1)流域标准与水环境质量要求衔接不足。

本标准中污染物控制项目、控制标准与目前环境管理需求不相适应,不能支撑流域水环境质量的进一步提升和水环境功能的恢复。

(2)对行业排污控制针对性、约束性不足。

虽然本标准已经针对某些行业制定了特殊限值,但是未针对行业特征污染物的排放进行限值约束;其次,目前部分行业及污水处理厂的出水水质远远低于目前的限值要求,导致流域标准不能有效约束企业排污行为。

(3)环境效益不足。

行业性排放标准主要注重技术经济可行性,虽然也重视考虑环境效益,但很难与水环境质量的具体改善效益进行挂钩。

9.3　标准分情景实施影响

本标准制定的目的是:改善清潩河流域、淮河流域水环境质量,挖掘减排潜力,满足地方环境管理需求,助力流域深化结构调整、产业转型,提升流域发展质量和水平,顺应人民群众渴望有无生活环境的需求。标准的定位是,河南省流域水污染物排放标准制定工作的有序推进,用于控制流域内工业废水和城镇生活污水排放,与国家标准和河南省地方标准配套协同,力争在维持现有引汝补源工程尾水的条件下清潩河全境消灭劣Ⅴ类水。也是继双泊河流域标准之后,河南省淮河流域又一个前端切入点。综合前述分析可知,标准的控制对象有了较大的变化(污水处理厂数量和处理能力大幅提升,工业直排进一步缩减),标准的控制限值有所落后(对比国内近年新出台标准和流域管理要求,标准限制过于宽松),标准控制的精准性不足(为考虑流域不同区域的差异性)。随着流域水环境质量状况和环境管理形势的变化,标准的定位也不能局限于消灭劣Ⅴ类水质,因此本报告对比原标准继续使用和标准全面修订的情景下,对流域污染物减排、产业结构调整、水环境质量改善等方面的影响,为标准的后续实施提供参考。

9.3.1 情景一:原标准继续使用

9.3.1.1 对流域污染减排作用

本标准制定之初,控制水平整体处于国内相关标准中的相对严格水平,标准控制的23项因子中,11项严于《污水综合排放标准》一级标准,10项同一级标准,新增2项,其中规定公共污水处理系统排水执行一级A标准(COD≤50 mg/L,氨氮≤5 mg/L,总磷≤0.5 mg/L),直排企业主要指标COD、氨氮、总磷执行50 mg/L、5 mg/L和0.5 mg/L,标准实施对流域污染物排放削减的作用明显,2017年较标准实施前(2012年)COD、氨氮减排量分别为3 191.16 t、152.07 t,排放量分别下降了87.24%和89.77%,高于标准预期减排量,目前流域内直排工业企业排放COD和氨氮均能稳定达标,部分企业(如煤炭企业)排水远低于标准,污水处理厂实际出水已满足COD≤300 mg/L,氨氮≤1.5 mg/L,总磷≤0.3 mg/L,可见相较于流域目前的污染控制水平,标准限值略显宽松,已不能实现进一步削减流域污染物的目的。

9.3.1.2 对流域产业转型升级作用

本标准制定之初,流域部分造纸企业、印染企业等,生产规模小、排污量大、产业层次低,流域共有直排企业41家,其中34家位于许昌市;流域水污染的重点行业为造纸、档发、食品、纺织、皮革和城镇生活废水,其中造纸企业8家,纺织化纤企业5家,发制品企业7家,皮革企业1家,食品企业6家。标准实施以来对落后产能淘汰起到了较大作用,流域重点行业汇中,造纸企业大部分被淘汰,仅余许昌晨鸣纸业股份有限公司(原河南一林纸业有限责任公司)1家造纸企业;纺织印染企业由标准实施前的7家减少为1家,皮革企业数量未变,仍为1家,即许昌市长葛伊兴皮革有限公司,但该企业自2015年之后生产模式发生改变,长期停产,一年中仅有4个月处于生产期;发制品企业经过许昌市的整治之后,已全部入园入区或取缔关闭;食品企业由标准实施前的6家减少为2017年的2家,可见,本标准已发挥了应有的作用,对助力流域产业转型升级起到了较大作用。对照标准限值要求,目前重点行业的企业均能稳定达到排放要求,因此标准在行业企业转型、搬迁或淘汰等方面已无进一步的促进作用。

9.3.1.3 对流域水环境质量改善作用

本标准实施以来,流域水环境质量改善明显,根据标准制定阶段的预测结果,标准实施后,在保持引汝补源工程尾水排放不变的情况下,高村桥断面和陶城闸断面水质均可以达到V类水质要求,在无补水的情况下,陶城闸断面可以达到V类水质,但高村桥断面仍为劣V类水质,在现有标准限值要求下,清潩河水质是否达标与流域生态补水仍有较大关系。根据实际水质监测结果,在流域污染防治力度不断加大的情况下,高村桥断面和陶城闸断面水质分别由劣V类、V类(2013年)提升为IV类和III类(2017年),即流域水质改善效果明显优于预期,且2018年两个断面水质达到了III类水质,水环境质量进一步改善,但水环境质量改善更多是得益于流域工业企业整治、污水处理厂提标改造、水资源调度等措施。水污染防治攻坚三年行动计划要求,清潩河高村桥断面和陶城闸断面水质需在2020年达到III类水质要求,可见面对新的要求,继续沿用本标准,无法实现流域水质的进一步提升。

9.3.2 情景二:对原标准进行修订

9.3.2.1 标准修订方式

对原流域标准进行修订,建议可从两个方面考虑修订方式:一是考虑流域的上下游统筹关系,在水陆统筹的流域内,将沙颍河流域或者淮河流域作为主要研究对象,整合贾鲁河、清潩河、惠济河等淮河流域的小流域标准,按照分区域、分行业、分类型、分因子等建立流域内差异化的标准体系;二是在原标准体系的基础上,针对目前标准执行存在的问题,以及现在流域管理的需求,对流域标准的控制因子、排放限值等进行调整。

9.3.2.2 标准修订内容

鉴于国家及河南省日益提高的流域管理要求和本标准在实施过程中的问题,拟定本情景标准全面修订,内容如下。

(1)标准适用范围修订。

充分考虑流域污染源和污水处理方式的变化,对标准的适用范围进行修订。排放源方面,原标准适用于清潩河流域工业和城镇生活污水的排放管理,考虑到近年来流域内新建了7个人工湿地,其中5个污水处理厂尾水处理湿地,2个河道湿地,人工湿地排水水质对断面也有较大影响,因此增加对人工湿地尾水的排放管理。排放去向方面,标准实施以来流域内大部分直排企业"入园入区",污染物以间排方式排放所占比例明显升高,成为清潩河流域污染排放的主要方式;随着污水管网的完善和污水处理厂的建设,污水处理厂废水排放量也越来越大,逐渐成为流域的主要污染源,因此排放去向范围在原有基础上,增强对间排企业和污水处理厂的排污约束。

(2)标准污染物控制因子修订。

以水质目标管理为核心,坚持"精准化指导、精细化管理、过程化调控"治水思路,遵照"十三五"期间总量控制指标、"水十条"和"碧水工程"控制指标、地表水考核因子、重点水污染物排放行业特征污染物、流域监测能力和规划的产业发展方向等六项筛选原则,结合新时期要求和流域行业变化情况,对污染物控制因子进行优化,保留原标准中的23项控制因子,增加动植物油为重点水污染物排放行业特征因子,该因子为生活污水和食品行业的特征污染因子。同时适当考虑水生生物毒性因子,提高流域污染物排放限值要求、加严对毒害因子的控制,为清潩河流域下一步水生态功能的恢复奠定基础。

标准修订后污染物控制项目确定以水环境问题和水质目标考核为导向,将控制项目分为重点控制项目和一般控制项目,重点控制项目指造成流域水环境质量问题及流域工业行业共性的污染物因子,共8项:化学需氧量、氨氮、五日生化需氧量、总氮、总磷、pH值、悬浮物、色度;一般控制项目指水质目标考核因子和流域重点水污染物排放行业的行业特征污染物,为其余的污染物控制因子。

(3)标准污染控制因子排放限值修订。

本标准修订时,以实现精细化管控为目标,充分考虑区域的污染物排放、水环境质量、河段特点等的差异,以实现精细化管理为导向,对公共污水处理系统和工业企业分别设定排放限值。

①公共污水处理系统。

采取"分区域、分类别、分时段"的思路,对许昌市和漯河市临颍县的化学需氧量、氨氮、总磷排放限值适当收严。

分区域。清潩河流域的社会经济发展水平相对较高,流域天然径流匮乏,环境流量保障率不足,断面水质超标风险大,稳定达标压力大,许昌市和漯河市已要求排入清潩河的污水处理厂执行 COD≤30 mg/L,氨氮≤1.5 mg/L,总磷≤0.3 mg/L,但流域内许昌段和临颍段的污染特点、经济发展等有较大差异,现有排放限值的确定缺乏与断面水质目标的响应,因此通过水质目标反推,结合流域环境质量目标要求,通过选用适当的水质响应模型和相关参数率定,核算水质目标约束条件下,入河排污口允许排放量和减排量需求,结合流域内排污状况调查和减排潜力分析,进一步测算基于水环境质量改善需求的排放限值,在此基础上,综合考虑多种因素,对清潩河流域内不同区域的公共污水处理系统的排放限值进行不同程度的加严要求。

分类别、分时段。标准修订以后,对现有公共污水处理系统和新建公共污水处理系统分别限定不同的执行日期。

②直排工业企业。

采取“分区域、分类别、分时段、不分行业”的思路,对流域内工业企业化学需氧量、氨氮、总磷排放限值适当收严。

分区域。清潩河流域社会经济发展水平、污染特征和水环境承载能力空间差异大,许昌段经济好、水质差、承载力低的区域,临颍段则刚好相反,因此考虑分区域制定标准限值,在“十三五”流域规划划分控制单元基础上,结合清潩河流域水系、水环境质量及行政区域特点等因素,对控制单元进行细化,将清潩河高村桥控制单元细化为清潩河干流长葛市、魏都区、建安区等控制单元和清潩河支流小洪河、灞陵河、石梁河、小泥河等控制单元,并识别出流域内优先控制单元及关注的污染物,包括水质超标污染物和存在超标风险的污染物,区分出重点管控区域为长葛市、魏都区、建安区,其他区域为一般管控区域,对重点区域的直排企业执行更为严格的排放限值,即 COD≤40 mg/L,氨氮≤2 mg/L,总磷≤0.5 mg/L,一般管控区域直排企业执行一级 A 排放标准。

分类别、分时段。标准修订以后,现有企业自实施一年半后执行新的标准限值,新建企业实施之日起执行新的标准限值。

不分行业。清潩河流域的重点水污染行业包括造纸行业、皮革行业、食品行业和发制品行业,标准修订后较原标准已根据流域的实际情况进行了收严,考虑到企业的经济可承受能力,不再对行业单独进行收严。

③间排工业企业。

针对间排工业企业,考虑污水管网运行安全和不影响后续污水集中处理设施的正常运行,在充分调查流域内现有间排要求的基础上,根据行业污水特征、污染防治技术水平以及公共污水处理系统工艺,确定需设置间接排放标准的行业及其排放限值。

9.3.2.3　标准修订及实施可行性

①技术可行性。

清潩河流域内的公共污水处理系统可依托 GB 18918 一级 A 标准处理工艺基础上,增加曝气生物滤池、反硝化滤池等生物深度处理设施,然后接“混凝沉淀+砂滤+消毒”;工业企业可通过在尾水排放口增加膜处理工艺、“混凝沉淀+砂滤+消毒”或人工湿地处理措施"预处理+潜流人工湿地+稳定塘",可保证出水达到标准控制要求。

目前,废水治理技术较为成熟,企业通过加强管理,可以达到本标准限值。现有企业经过一年半的过渡期,已进入"十四五"时期,随着废水深度治理工艺、河道生态净化和人工湿地技术等不断创新和完善,实现本标准限值在技术上是可行的。

②经济可行性。

根据本报告对现有标准实施的技术经济分析,许昌晨鸣纸业有限公司出水达到COD≤30 mg/L、氨氮≤1.5 mg/L、总磷≤0.3 mg/L时,废水处理成本占产品销售利润的16%,企业的改造成本在可接受范围内;临颍县第二污水处理厂COD≤40 mg/L、氨氮≤2 mg/L、总磷≤0.4 mg/L时,环保投资在扩建总投资中仅占0.98%,吨水处理成本在1.5元左右,经济可行。可见,对企业和公共污水处理厂来说,满足修订后的标准限值在经济上是可行的。标准修订后,不能稳定满足排放限值要求的企业,通过清洁生产、污水治理设施升级改造、人工湿地等措施可达到本标准的要求,部分规模小、效益差、治理难度大的企业将被淘汰。可见流域标准修订后,在短期内对流域经济产生一定的影响,但从长期看,可以促进产业结构调整,促进经济有质量、有效益、可持续的发展。

9.3.2.4 标准修订及实施环境效益

标准修订时,充分考虑了断面水质目标与污染物排放浓度的响应,对于改善流域水环境质量具有较大的意义,并能倒逼地方政府通过综合整治、生态调水等措施促进水质的进一步提升,将会具有良好的环境效益。

(1)对流域污染减排作用。

目前,部分行业及污水处理厂的出水水质远远低于本标准限值要求,导致流域标准不能有效约束企业排污行为,部分排污单位存在出水水质相对较差、出水不稳定等情况。修订实施清潩河流域标准,可倒逼污水处理设施完善,加快升级改造进度,提升污染治理能力。

(2)对流域产业结构调整作用。

流域水污染物排放企业数量多,多数企业规模小、装备差、技术较为落后,然而现执行的排放标准过低,标准和技术内容已落后于当前水污染治理的新形势和新要求,对促进产业清洁生产和技术进步的作用明显不足。修订清潩河流域标准,可倒逼企业进行技术革新,实施结构调整,淘汰落后产能,提升治污水平。

(3)对流域水环境质量改善作用。

《河南省污染防治攻坚战三年行动计划(2018～2020年)》明确了流域高村桥、陶城闸两个断面在2020需实现Ⅲ类水质目标,现状水质虽已达到Ⅲ类,但尚不稳定,存在超标风险。2020年是"十三五"收官之年,"十四五"则是污染防治攻坚战取得阶段性胜利、继续推进美丽中国建设的关键期,到2025年,不仅要推进水生态环境质量持续改善,也要实现水生态功能初步恢复。修订和实施清潩河流域标准,可收严污染物排放限值,减少污染物排放量,提升水环境质量,促进政府考核目标的完成,为"十四五"水生态功能初步恢复奠定基础。

(4)对流域环境管理能力提升作用。

本标准实施以来,排污许可制、河长制等新时期的环保管理制度日臻完善,国家和河南省也出台了一系列与之相关的行业标准、地方标准、管控要求等,"水十条"提出"各地可制定严于国家标准的地方水污染物排放标准"。河南省碧水工程行动计划要求"建立完善我省地方流域水污染物排放标准体系",《河南省污染防治攻坚战三年行动计划(2018~2020年)》把"提高污染排放标准,强化排污者责任"作为保障措施的一项内容,评估发现本标准部分因子限值已不能满足国家标准要求,修订清潩河流域标准是落实国家和河南省有关要求,促进河南省环保标准体系完善,满足新时期环境管理的需要。当前的标准限值相对宽松,与断面水质目标之间缺乏有机联系,导致断面水质难以达到目标要求。为促使流域水质达到责任目标要求,许昌市和漯河市临颍县已要求清潩河流域内污水处理厂出水 COD、氨氮和总磷三项指标执行Ⅳ类水质标准要求,但缺少法律依据,与依法治国的要求不符。修订清潩河流域标准,把行政管理要求上升到法规层面,使环境管理有法可依。

通过对两种情景分析可知,原标准对流域污染物减排、产业结构调整、水环境质量改善等方面已无法进一步发挥更好的作用,而清潩河流域作为淮河流域沙颍河的重要支流,其水质提升对于沙颍河乃至淮河具有重要意义,必须进一步对标准进行修订和完善。

参 考 文 献

[1] 蔡慧野,陈爱朝,严国奇,等. 城镇污水处理厂提标改造若干事项探讨[J]. 建设科技,2019(23):15-19.

[2] 蔡佳铭. 硝酸工业污染物排放标准实施评估及行业环境风险分析[D]. 青岛:青岛科技大学,2020.

[3] 曹金根. 环境标准法律制度的困境与出路[J]. 河南社会科学,2015,23(11):15-19.

[4] 陈凤兰,徐志荣.《纺织染整工业水污染物排放标准》实施评估——以浙江省为例[J]. 环境保护与循环经济,2019,39(12):72-78.

[5] 陈晶晶,孟凡新. 推荐性标准评估复审指标体系及评估常见问题分析[J]. 中国标准化,2021(4):6-10,37.

[6] 陈瑶,刘红磊,卢学强,等. 我国行业水污染物排放标准的制定现状、问题及建议[J]. 环境保护,2016,44(19):51-55.

[7] 戴兵. 我国污染物排放标准实施制度研究[D]. 青岛:青岛科技大学,2011.

[8] 杜缃源. 排放标准修订对污水处理厂运营决策的影响研究[D]. 北京:清华大学,2015.

[9] 杜学文,蒋莉. 我国环境标准体系的不足与完善[J]. 中共山西省委党校学报,2018,41;255(3):72-75.

[10] 段思聪. 大清河水系水污染物排放标准制定及费效分析研究[D]. 天津:河北工业大学,2015.

[11] 樊辉. 基于多标准分析方法的流域管理机制构建[J]. 安徽农业科学,2012,40(10):6123-6124,6127.

[12] 胡娟. 浅析水污染物排放标准及其完善路径[J]. 黑龙江省政法管理干部学院学报,2017(6):102-104.

[13] 环境保护部. 关于印发《国家污染物排放标准实施评估工作指南(试行)》的通知(环办科技〔2016〕94 号)[Z]. 2016.

[14] 李洁. 流域水污染物排放标准控制重点及控制水平研究[J]. 环保科技,2017,23(2):38-41.

[15] 李娟. 海泊河污水处理厂改扩建项目投资收益分析[D]. 青岛:中国海洋大学,2011.

[16] 李书铖,马念,陈杰,等. 基于流域水环境特征分析的污水厂排放标准研究[J]. 环境与发展,2020,32(11):165-166.

[17] 李晓旭. 水环境管理技术实施对水环境管理能力提高的效果评估[D]. 阜新:辽宁工程技术大学,2015.

[18] 李义松,刘金雁. 论中国水污染物排放标准体系与完善建议[J]. 环境保护,2016,44(21):48-51.

[19] 林雅静. 水污染物排放许可证中基于技术的排放标准研究——以中美对比为视角[D]. 杭州:浙江农林大学,2019.

[20] 刘春霞,孙阳阳,李志明,等. 标准实施效果评估工作方法研究——以 GB 18580—2017 标准评估为例[J]. 中国标准化,2020(8):136-140.

[21] 刘海桥. 简论我国环境标准体系的结构与功能[J]. 中国西部科技,2005,8(4):68-69.

[22] 刘梦,伯鑫,孟凡琳,等. 2015 年中国城镇污水处理厂达标排放评估[J]. 环境工程,2017,35(10):77-81,90.

[23] 刘天石,董欣,刘雅玲,等. 基于水质目标的流域排放管控模式与案例研究[J]. 中国环境管理,2019,11(5):82-87,60.

[24] 刘玉龙.《辽河流域防洪规划》(辽宁部分)中期评估研究[J]. 中国防汛抗旱,2020,30(7):62-65.

[25] 卢延娜,雷晶,马占云,等. 地方水污染物排放标准发展现状及制订研究[J].环境保护,2016,44(7):57-59.

[26] 鲁东霞. 双洎河流域水污染物排放标准的定位研究[J].河南科学,2012,30(9):1311-1314.

[27] 吕宁磬,苏婧,席北斗,等. 基于优化模型的抚仙湖营养物标准技术经济评估方法[J].环境工程技术学报,2012,2(3):223-228.

[28] 毛海龙,陈琳,杨龙霞. 标准效益评估方法研究[J].船舶标准化工程师,2018,51(6):9-12.

[29] 孟冲,李小朋,李薇,等. 浅谈实施环境标准评估的重要性[C]//环境安全与生态学基准/标准国际研讨会、中国环境科学学会环境标准与基准专业委员会2013年学术研讨会、中国毒理学会环境与生态毒理学专业委员会学术研讨会. 2013.

[30] 孟伟,刘征涛,张楠,等. 流域水质目标管理技术研究(Ⅱ)——水环境基准、标准与总量控制[J].环境科学研究,2008(1):1-8.

[31] 孟伟,张远,郑丙辉. 水环境质量基准、标准与流域水污染物总量控制策略[J].环境科学研究,2006(3):1-6.

[32] 孟伟,周羽化. 流域生态文明建设与环保标准优化发展[C]//环境安全与生态学基准/标准国际研讨会、中国环境科学学会环境标准与基准专业委员会2013年学术研讨会、中国毒理学会环境与生态毒理学专业委员会第三届学术研讨会. 2013.

[33] 米天戈. 我国污染物排放标准制度研究[D].苏州:苏州大学,2015.

[34] 宁玲. 崇州市城市污水处理厂运行效果评估及技术改造方案研究[D].成都:西南交通大学,2012.

[35] 裴晓菲. 我国环境标准体系的现状、问题与对策[J].环境保护,2016,44(14):16-19.

[36] 彭永臻. 应尽快遏制城市污水处理排放标准盲目提高至地表水质Ⅳ类或Ⅲ类的趋势——在《水污染防治法》实施情况专家评估座谈会上的发言摘要[J].中国给水排水,2019,35(8):12-14.

[37] 齐男,于洪军,刘栋. 辽河流域小城镇污水处理厂水污染物排放限值标准制定研究[J].环境保护与循环经济,2018,38(1):18-22,30.

[38] 冉丹,李燕群,张丹,等. 论中国水污染物排放标准的现状及特点[J].环境科学与管理,2012,32(12):38-42.

[39] 史会剑,蔡燕,谢刚. 山东省流域水污染物综合排放标准[J].中国环境管理干部学院学报,2011,21(3):1-3,12.

[40] 史会剑. 流域型水污染物排放标准的定位、方法与策略[J].环境与可持续发展,2018,43(1):50-53.

[41] 史会剑. 我国北方地区水污染物排放标准实践与创新[J].环境与可持续发展,2015,40(1):68-71.

[42] 宋国君,韩允垒,何雅琪,等. 中国污染物排放标准实施评估[J].环境工程技术学报,2011(3):93-98.

[43] 宋国君,黄新皓,张震,等. 我国工业点源水污染物排放标准体系设计[J].环境保护,2016,44(14):20-24.

[44] 宋国君,张震. 美国工业点源水污染物排放标准体系及启示[J].环境污染与防治,2014,36(1):97-101.

[45] 孙高升,王东东,弋凡,等. 淮河流域地表水类Ⅳ类标准污水深度处理工艺研究[J].中国给水排水,2020,36(19):16-23.

[46] 孙宁,卢然,赵云皓,等. 污染物排放标准评估方法研究[J].中国人口·资源与环境,2014,24(5):179-182.

[47] 王刚,齐珺,潘涛,等. 北运河流域(北京段)主要污染物减排措施效果评估[J].环境污染与防治,2016,38(6):39-45.

[48] 王宏洋,赵淑霞,李敏,等. 国内外煤化工行业污染物排放标准研究及启示[J]. 化工环保,2018,38(6):720-727.

[49] 王宏洋,赵鑫,蔡木林,等. 我国食品加工制造业水污染物排放标准存在问题及欧盟经验的启示[J]. 环境工程技术学报,2016,6(5):514-522.

[50] 王凯武,李志坚.佛山市汾江河流域水污染物排放标准研究[J].黑龙江环境通报,2012,36(2):79-82.

[51] 王礼先. 流域治理的可持续发展标准[J].中国水土保持,1995(3):46-48.

[52] 王丽君,夏训峰,朱建超,等. 农村生活污水处理设施水污染物排放标准制订探讨[J]. 环境科学研究,2019,32(6):921-928.

[53] 王盼,古琴,彭颖,等. 湖北省汉江中下游流域水污染物排放标准研究[J].环境科学与技术,2018,41(S2):197-204.

[54] 王轩萱. 中美环境标准比较研究[D].长沙:湖南师范大学,2014.

[55] 王奕淇,李国平. 流域生态服务价值供给的补偿标准评估——以渭河流域上游为例[J].生态学报,2019,39(1):108-116.

[56] 韦亚南,张琨,张宝雷. 山东省南水北调沿线流域水污染物排放标准对沿线城市经济的影响[J]. 南水北调与水利科技,2013,11(2):81-85.

[57] 文扬,陈迪,李家福,等. 美国市政污水处理排放标准制定对中国的启示[J].环境保护科学,2017,43(3):26-33.

[58] 吴玥,路文海. 海洋标准评估方法研究[J].海洋通报,2011,30(3):241-245.

[59] 徐恒,栾金义,魏尚珲,等. 典型石化废水达标排放处理技术综合评估[J].化工环保,2020,40(3):329-335.

[60] 徐力. 安徽省淮河流域重点工业行业主要水污染物排放限值的研究[D].合肥:合肥工业大学,2018.

[61] 闫振广,孟伟,刘征涛. 中国"国家-流域-区域"三级水质基准/标准体系构建研究[C]//中国毒理学会第三届中青年学者科技论坛暨2011年全国前列腺药理毒理学研讨会论文集,中国毒理学会会议论文集. 2011.

[62] 张博,袁玲玲,牟长青,等. 海洋标准实施情况的综合评估方法研究[J]. 海洋开发与管理,2017,34(1):57-62.

[63] 张平华. 欧盟环境政策实施体系研究[J]. 环境保护,2002(1):44-45,48.

[64] 张悦. 环境标准制定的法律问题研究[D].北京:中国矿业大学,2014.

[65] 周扬胜,安华. 美国的环境标准[J].环境科学研究,1997,10(1):57-62.

[66] 周羽化,武学芳. 中国水污染物排放标准40余年发展与思考[J].环境污染与防治,2016,38(9):99-104,110.